旅先での
南天星空ガイド

—南天のロマン 南十字を探す—

飯塚礼子 著

恒星社厚生閣

はじめに

旅行に出かけると、日頃とは違う自然の風景や町並みを見て、更に気分が高揚するのではないでしょうか。日頃見慣れている青空も、更に青く感じたり、日常は夜空を見上げる機会が無く月や星が輝いていることさえ忘れがちです。ところが、旅先でふと見上げた空に、星が輝いているだけで、嬉しい気分になるのではないでしょうか。

海外に出かけると日本から見ることのできない南の空の星座も見ることができます。例えば「南十字星」の名前は多くの方がご存知だと思いますが、実際に見つけるのはどうしたら良いのか、わかりますか？

この星空ガイドブックは、今まで星を見つけたことがない人でも、見つけられるように解説しています。

色々な地域での星物語も旅行を楽しむエッセンスとして掲載しました。旅のお供にこのガイドブックを片手に、星空をお楽しみください。

さらに、風景と日の出や夕日、風景と月など、デジタルカメラや携帯カメラで充分撮影が可能です。ぜひ、旅の記念に風景と一緒にそれらを撮影されては如何でしょうか。風景の中の天体の位置は毎日違います。あなたが撮られたお写真は、唯一の記念になることでしょう。

南シナ海の夕日

オーストラリアで見上げた
満点の星々
©Kouji Ohnishi
旅先の星空を
写真に残そう
グアムでの夕日

ところで、あなたはどこで星空を見ますか？ 星々を見るときには、季節と場所を押さえておく必要があります。どこで星空を眺めるかその場所を確認しておくと良いでしょう。

南天の星座探しに観光地の緯度を参考にしてください。

国・地域	都市名	緯度
①シンガポール	シンガポール	北緯 1.2
②マレーシア	クアラルンプール	北緯 3.1
③ベトナム	ホー・チ・ミン	北緯 10.5
④グアム	グアム	北緯 13.3
⑤タイ	バンコク	北緯 13.4
⑥ミャンマー	ヤンゴン	北緯 16.5
⑦ベトナム	ビン	北緯 18.4
⑧インド	ボンベイ	北緯 18.5
⑨メキシコ	メキシコシティー	北緯 19.2
⑩アメリカ合衆国	ホノルル	北緯 21.2
⑪香港	香港	北緯 22.2
⑫台湾	タカオ	北緯 22.4
⑬アラブ首長国連邦	ドバイ	北緯 25.2
⑭インド	デリー	北緯 28.4
⑮エジプト	カイロ	北緯 30.1

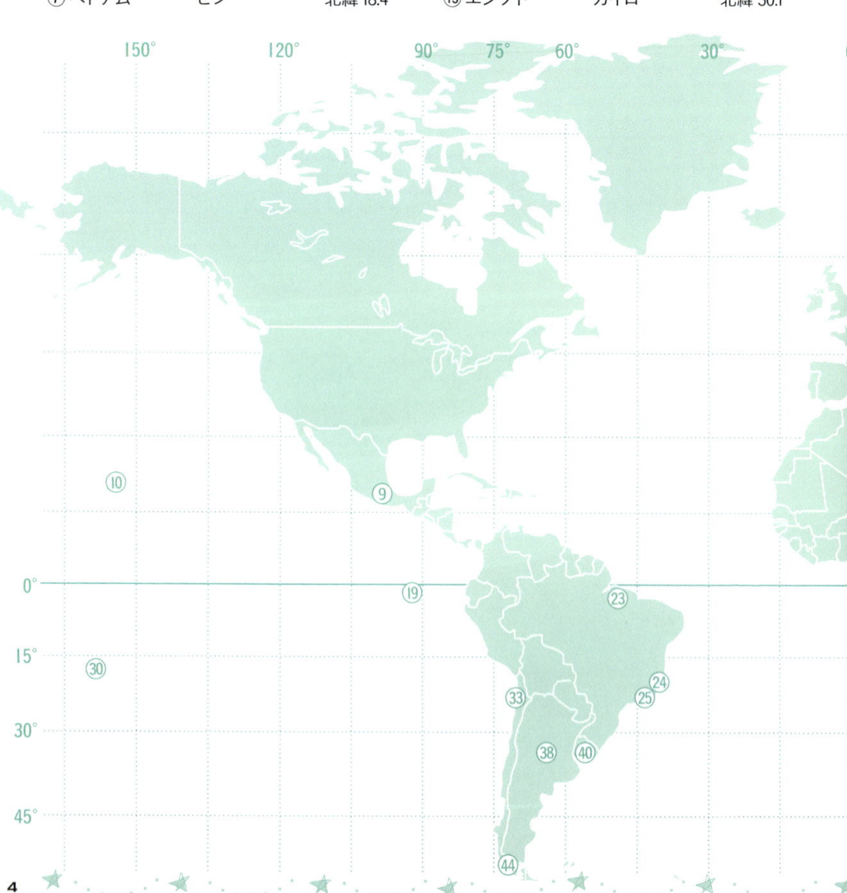

	国	都市	緯度
⑯	日本	那覇	北緯 26.1
⑰	日本	小笠原諸島・父島	北緯 27.1
⑱	日本	東京	北緯 35.4
⑲	エクアドル	ガラパゴス	南緯 0.5
⑳	インドネシア	ソロン	南緯 0.5
㉑	インドネシア	ジャカルタ	南緯 6.1
㉒	ケニア	ナイロビ	南緯 1.2
㉓	ブラジル	ベレン	南緯 1.3
㉔	ブラジル	リオデジャネイロ	南緯 22.6
㉕	ブラジル	サンパウロ	南緯 23.3
㉖	ソロモン諸島	ホニアラ	南緯 9.3
㉗	ザイール	ルブンバシ	南緯 11.4
㉘	フィジー	スバ	南緯 18.1
㉙	マダガスカル	アンタナナリボ	南緯 18.6
㉚	クック諸島	アバルア	南緯 21.1
㉛	ニューカレドニア	ヌーメア	南緯 22.2
㉜	マダガスカル	トリアラ	南緯 23.2
㉝	チリ	アントファガスタ	南緯 23.4
㉞	オーストラリア	ブリスベン	南緯 27.3
㉟	オーストラリア	シドニー	南緯 33.6
㊱	オーストラリア	メルボルン	南緯 37.5
㊲	ナミビア	オラニエムント	南緯 28.3
㊳	アルゼンチン	コルドバ	南緯 31.2
㊴	南アフリカ共和国	ケープタウン	南緯 33.6
㊵	ウルグアイ	モンテビデオ	南緯 34.5
㊶	ニュージーランド	オークランド	南緯 37.0
㊷	ニュージーランド	ウェリントン	南緯 41.2
㊸	ニュージーランド	クライストチャーチ	南緯 43.3
㊹	チリ	プンタ・アレナス	南緯 53.1

CONTENTS

CHAPTER 1

南半球の星の探し方
南天のロマンを探しに！

SECTION 1
みなみじゅうじ座（南十字星）

南国へ出かけると日本と違った文化や自然に触れられることも旅の楽しみです。南十字星（みなみじゅうじ座）は、皆さんが一度は聞いたことがある名だと思います。私が天文スタッフとして海外、特に南国で星空をご案内する時に必ずご質問を頂くのが、南十字星に関する事柄です。星座を文字であらわす時には漢字を使わないので、「みなみじゅうじ」座と記載します。

ひらがなで書くともっと親しみがわいてきます。宮沢賢治氏の「銀河鉄道の夜」にも、この南十字星が出てきます。

日本で南十字星が見えないと思われる方もおられることでしょうが、季節によって沖縄や小笠原諸島の父島では、水平線スレスレに見ることができます。また、南十字星の一部の星、一番北の星だけなら、紀伊半島の南端潮岬、四国の室戸岬や九州の長崎より南の水平線が見える場所なら見えるようです。

また、飛鳥時代には、都でこの南十字星が地平線スレスレに位置していましたから斑鳩の人々は南十字星を見ていた可能性もあります。これは地球が歳差運動といってコマの首振り運動のように天の北極の方向を変えるからです。紀元前500年頃の古代ギリシャ時代でも、南十字星が見られていました。しかし、その時代にみなみじゅうじ座としてのギリシャ神話はありません。南十字星と命名したのは、大航海時代の探検家たちでした。そして、1624年にドイツの天文学者バルチウスは、その時代に命名されていた星座のすき間にきりん座、いっかくじゅう座、はと座を設定しました。みなみじゅうじ座もその時に設定されました。

グアム（北緯 14 度）で見るみなみじゅうじ座

▶ 4 月 20 日 20 時頃

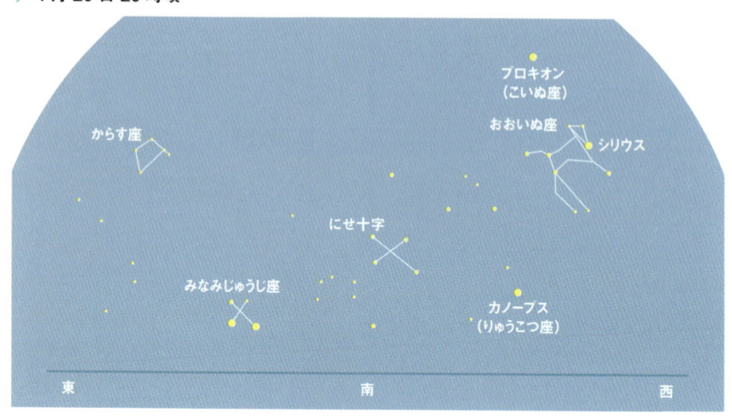

▶ 5 月 20 日 20 時頃

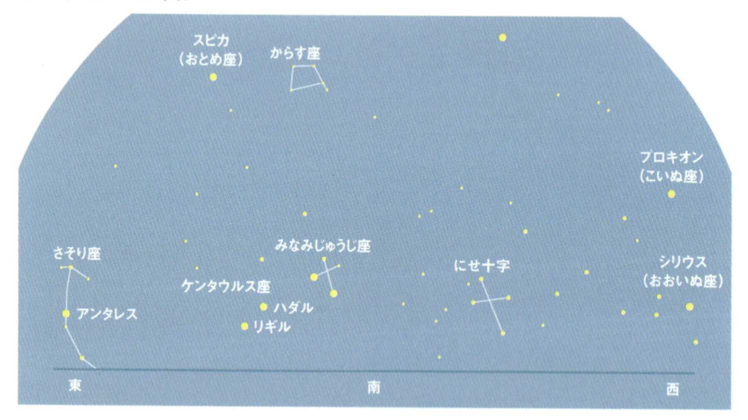

にせ十字の方が大きいので、注意しましょう。

▶ 6 月 20 日 20 時頃

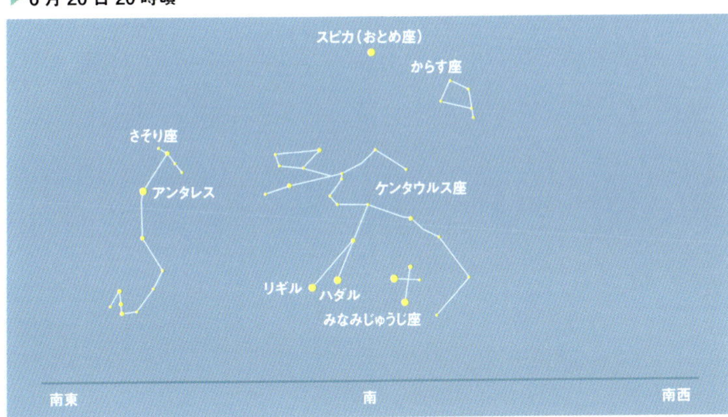

▶ 7 月 20 日 20 時頃

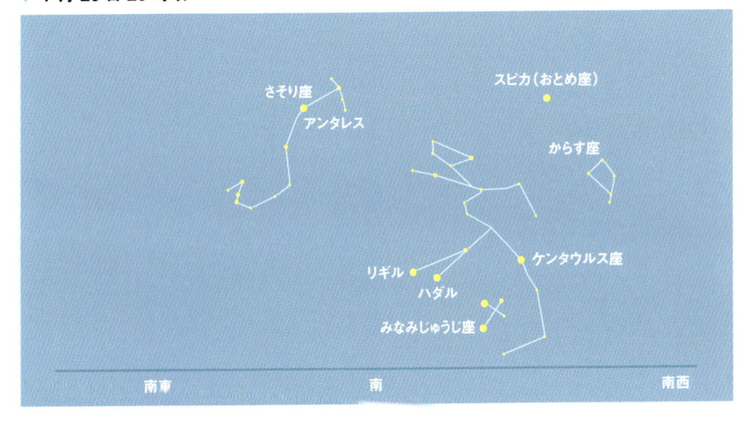

パプアニューギニア（南緯4度）で見るみなみじゅうじ座

▶ 3月20日20時頃

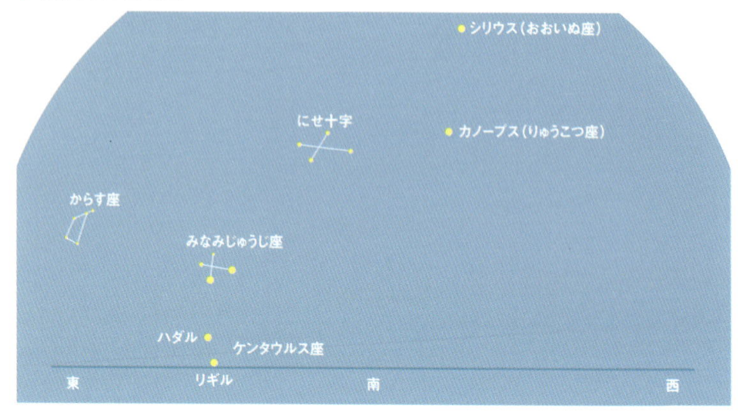

にせ十字の方が空高いところに見えています。間違えないように注意しましょう

▶ 4月20日20時頃

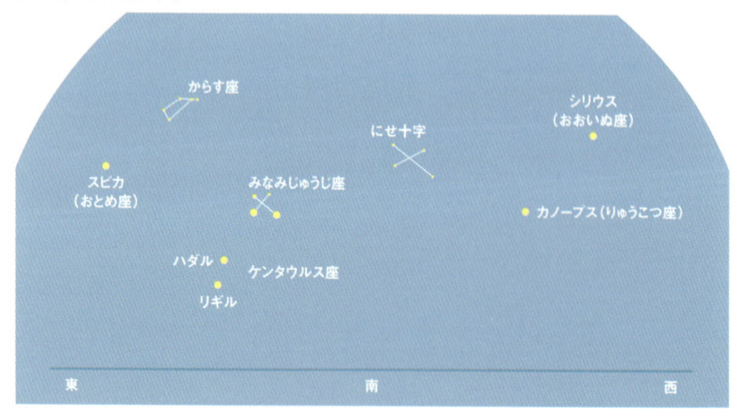

▶ 5月20日20時頃

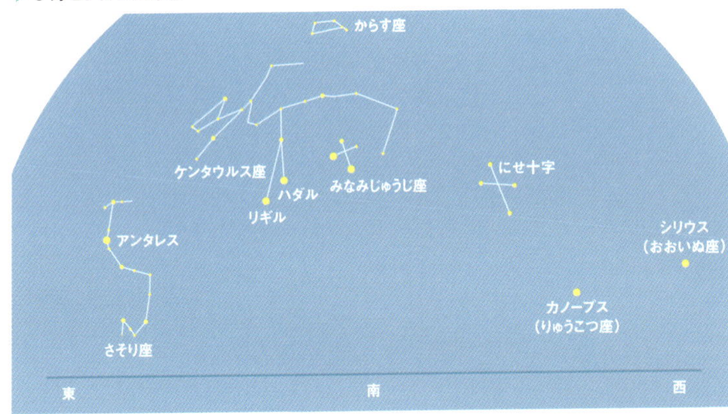

▶ 6月20日20時頃

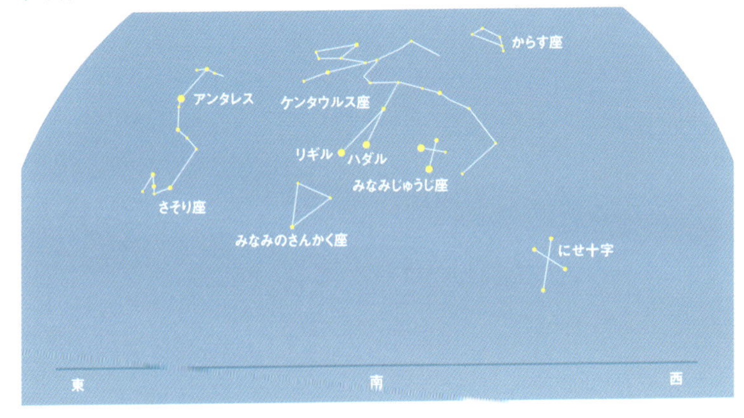

▶ 7月20日20時頃

▶ 8月20日20時頃

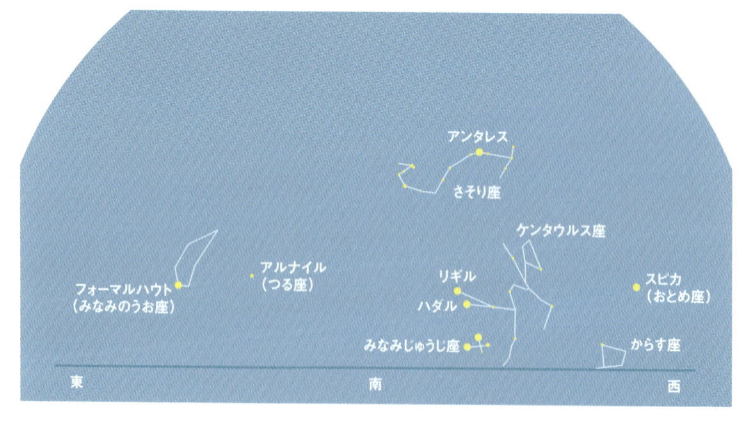

▶ 9月20日20時頃

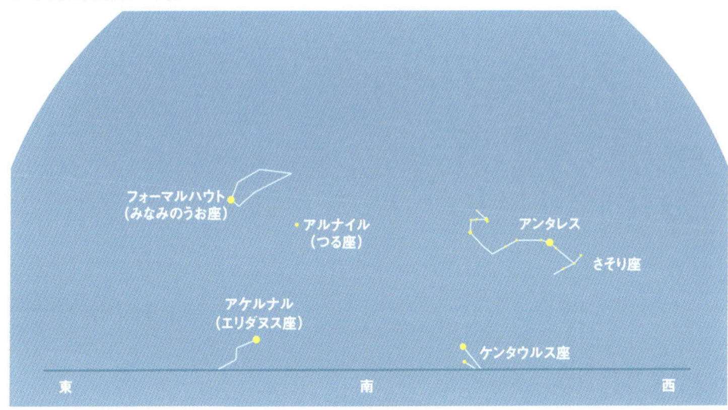

オークランド(ニュージーランド・南緯37度)で見るみなみじゅうじ座

▶ 2月20日20時頃

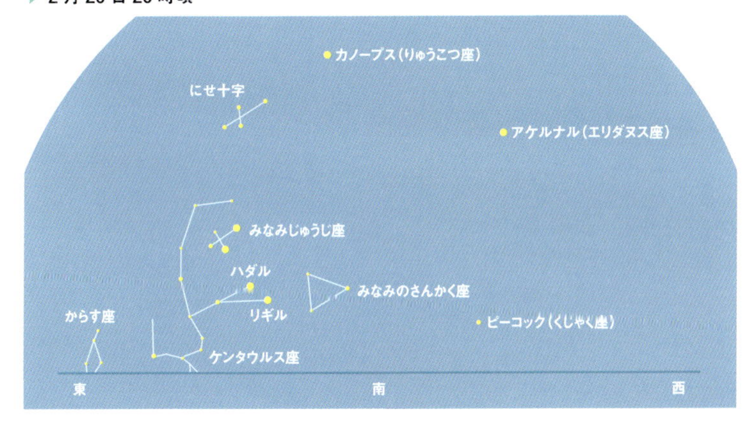

▶ 3月20日20時頃

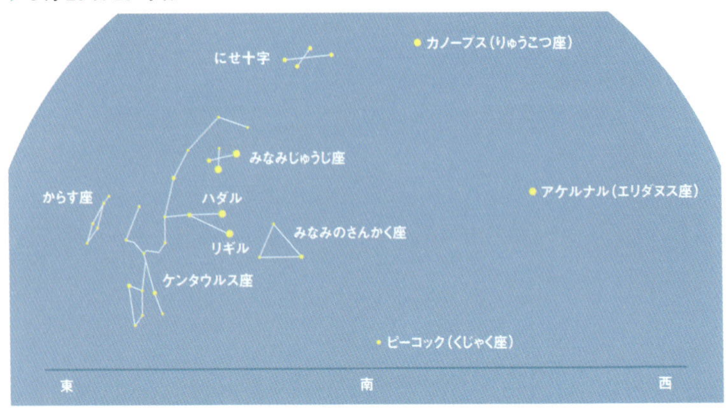

▶ 4月20日20時頃

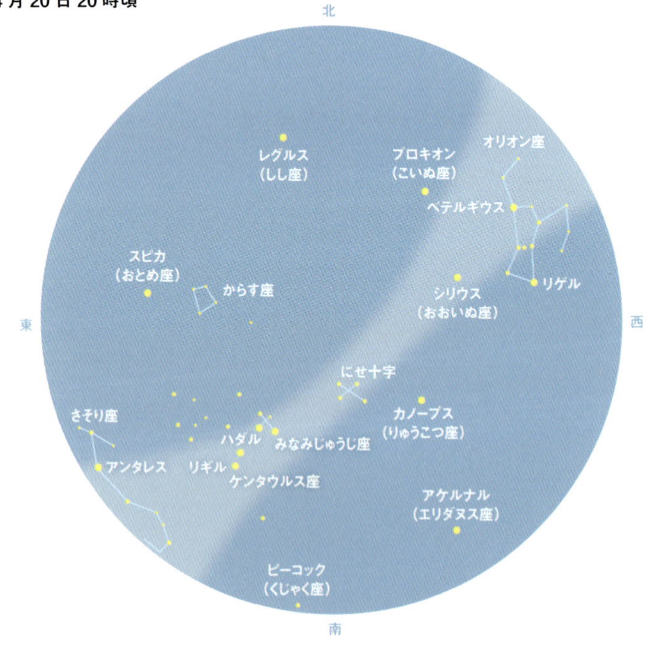

にせ十字の方が空高いところに見えています。間違えないように注意しましょう。

▶ 6月20日20時頃

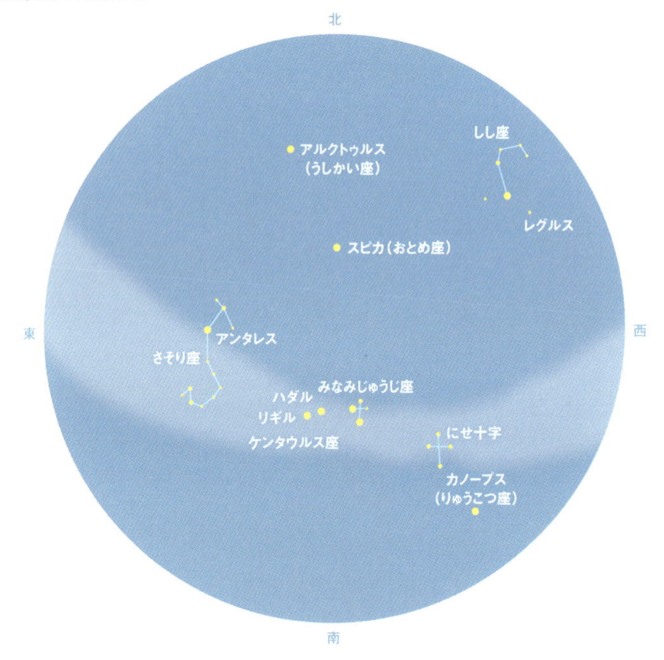

みなみじゅうじ座以外にも7個の1等星が輝いています。

ケンタウルス座のリギル（アルファケンタウリ）

　　　　　　　　ハダル（ベータケンタウリ）

りゅうこつ座のカノープス

おとめ座のスピカ

うしかい座のアルクトゥルス

さそり座のアンタレス

しし座のレグルス

▶ 8 月 20 日 20 時

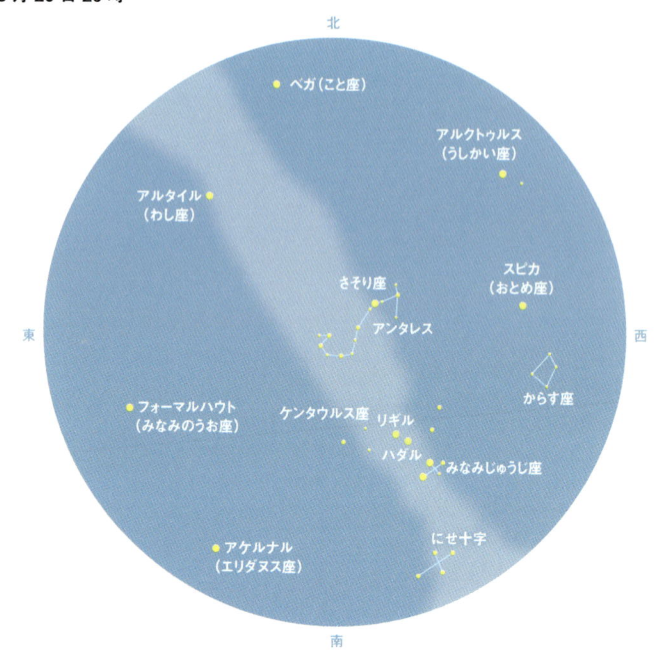

みなみじゅうじ座以外にも多くの１等星が輝いています。

▶ 10 月 20 日 20 時

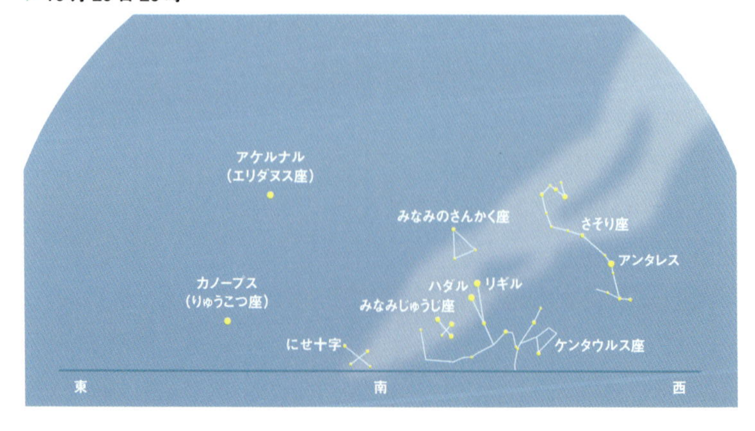

▶ 11月20日20時

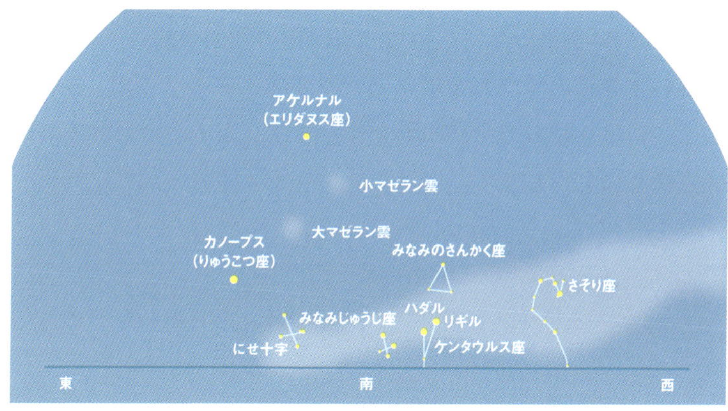

▶ 12月20日20時

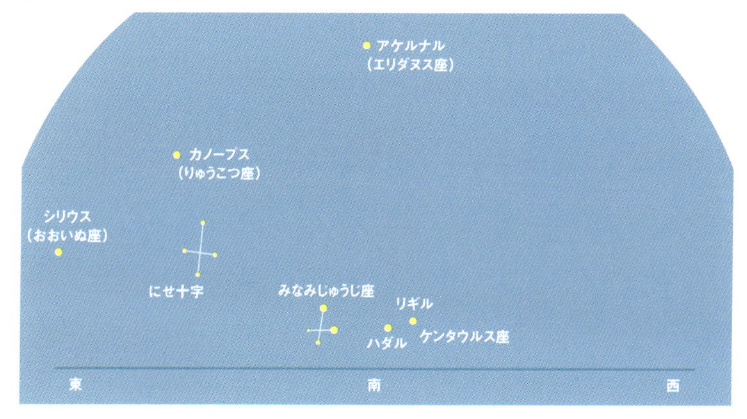

みなみじゅうじ座の星々

全天で88個ある星座の中で一番星座の範囲が狭い星座です。明るい1等星のアクルックスとベクルックスの2つと、2等星が2つの星を結んで十字の形を作ります。南十字の形は天の南極点探しに利用します。昔はケンタウルス座の一部でした。

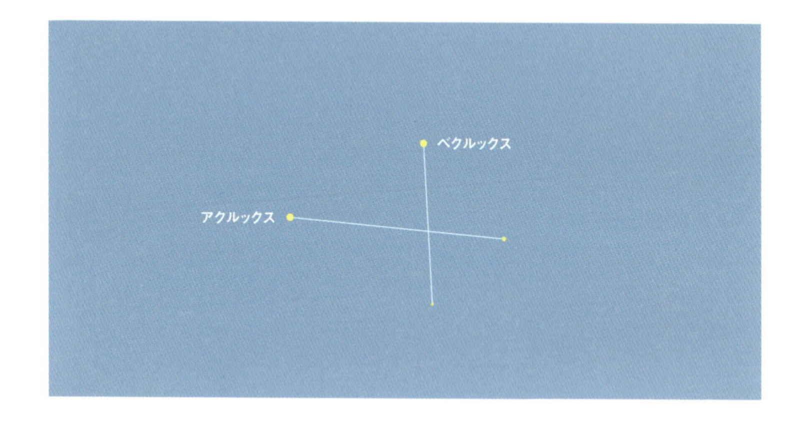

石炭袋（コールサック）

みなみじゅうじ座の十字の左下は何も星が見えない暗い部分があります（点線で囲んだ部分）。この部分を石炭袋と呼んでいます。全天で最も有名な暗黒星雲です。

銀河鉄道の夜（宮沢賢治）

孤独な主人公ジョバンニが友人であるカムパネルラと銀河鉄道にのって旅をする物語です。ジョバンニは銀河のお祭り（烏瓜のあかりを川へ流す）の「ケンタウル祭」の夜、同級生にからかわれ、ひとり丘の木の下で休んでいました。「銀河ステーション」と声が聞こえ、気が付くとジョバンニは銀河鉄道に乗り込んでいました。ふと顔を上げると、友人カムパネルラが座っていました。こうして二人は、銀河鉄道で色々な人に出会い旅をします。

この作品の中には多くの星座が登場します。旅は天の川に沿って、白鳥座からスタートします。白鳥座の星の並びを「南十字星」に対し「北十字星」と言います。天の川沿いの星々をめぐり、サザンクロス（南十字星）が旅の終点です。

銀河鉄道の夜は、映画やミュージカル、演劇と多くの作品があります。プラネタリウムの映像番組としても人気です。

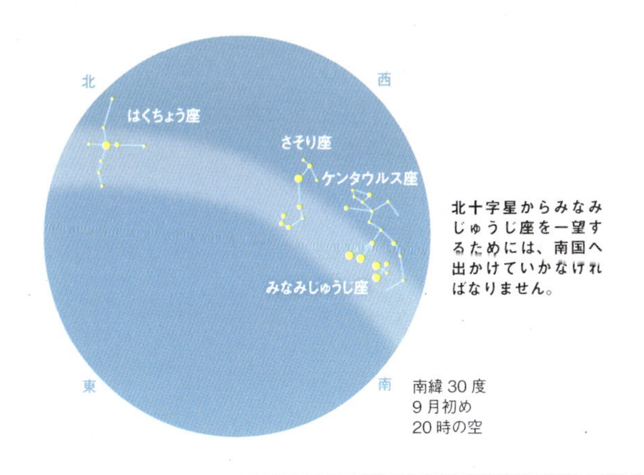

北十字星からみなみじゅうじ座を一望するためには、南国へ出かけていかなければなりません。

大海を泳ぐエイ

日本でなじみの星座たちも南半球で見ると上下が逆さまに見えます。インドネシアでは、冬の星座でおなじみのオリオン座の三ツ星を「カヌー」に見立て、その先に見える**すばる**の星々は「漁師の妻たち」といわれています。おうし座にある星が固まって見える**ヒアデス星団**を漁師が釣った魚と見立て「釣り上げた魚」としています。

天の川は「死者の魂を運ぶ川」と捉えられ、南十字星は、大海を泳ぐエイです。すぐ隣りにある**ケンタウルス**座の明るい星2つをサメの目に見たて、2匹が追いかけっこしているのだと語りつがれています。

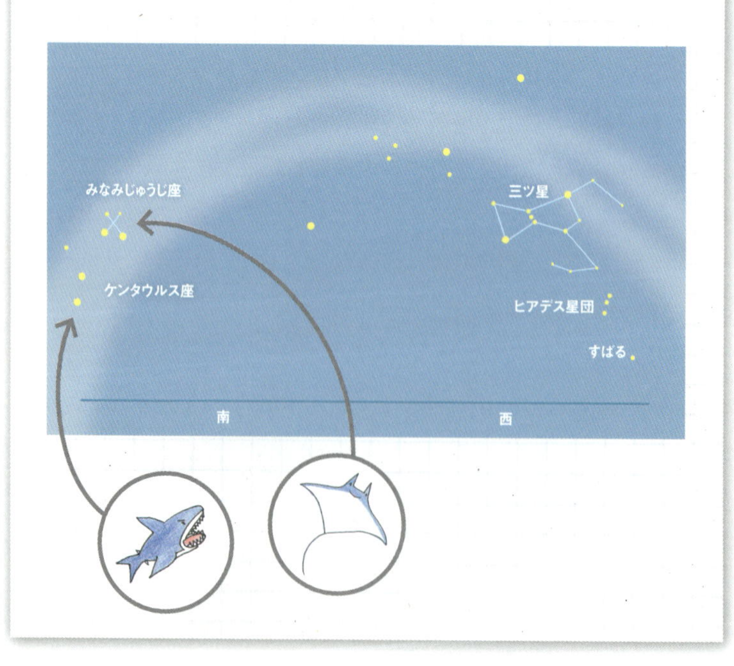

SECTION
2 ケンタウルス座

ケンタウルス座は日本では沖縄県や小笠原諸島の一部地域を除き、星座の全容を見ることはできません。1等星を2個持っていますが、その明るい星も中々見ることは難しいようです。

全天で最も明るい**オメガ星団**があります。星が集まって球のように見えるので、球状星団という種類の星の集まりです。4等星ほどの明るさがあり、昔は1つの星だと思われ恒星の命名順でオメガという名前が付けられました。

ケンタウルス座は5000年前に作られた古い星座の1つです。ギリシャ神話では、上半身が人で下半身が馬という姿で、ケンタウルス族といわれています。いて座も同じくケンタウルス族のケイロンが描かれ神様の先生役を引き受けたとされています。ケンタウルス座は、ポロスという別のケンタウルス族です。ケンタウルス族の中でも、賢くて正しき心をもったケイロンとポロスが星座になったといわれています。

▶ 6月20日頃20時の空

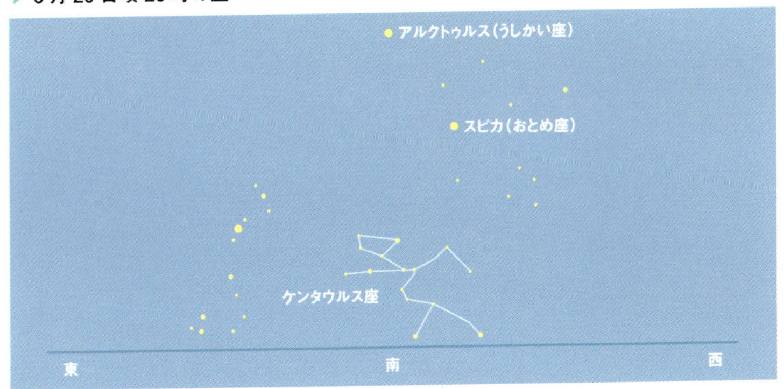

東京でケンタウルス座の全容は確認することができません。

南下するとケンタウルス座の全容を見ることができるようになります。

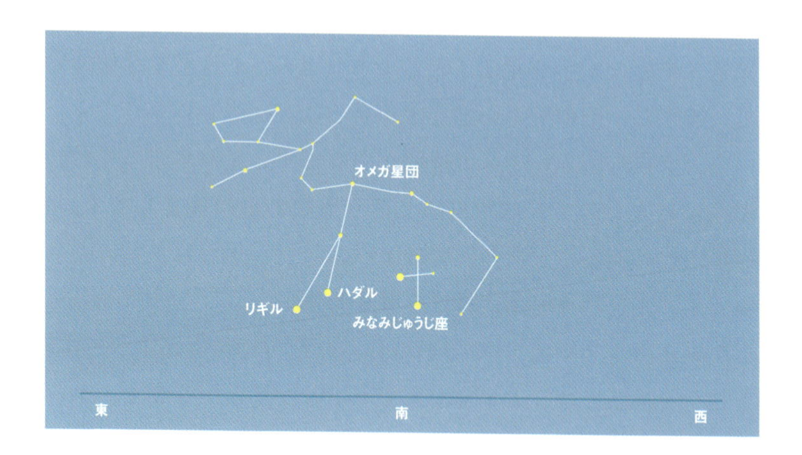

ケンタウルス座の前足にあたるところに、リギル（アルファケンタウリ）とハダル（ベータケンタウリ）の１等星が２個あります。

ケンタウルス座の前足と後ろ足の間にみなみじゅうじ座があります。

SECTION

3 エリダヌス座

エリダヌス座は川の星座で、オリオン座の足元に輝く1等星リゲルから星をクネクネとたどり、1等星の**アケルナル**がその川の終点です。アケルナルとは、「川の果て」という意味です。日本ではその全容を南西諸島でしか確認することができない星座です。日本の大半の場所では、アケルナルを確認することができません。クネクネと星をたどれば大河を描くことができます。古くから存在する星座で、エジプトではナイル川、バビロニアではユーフラテス川、ローマではポー川のように、各地で身近な川に例えられています。ギリシャ神話では、太陽神アポロンの息子フェアトンが落ちて死んだエリダヌス川とされています。

太陽神アポロンは毎日4頭立ての太陽の馬車を走らせ、昼を制御していました。ある日、フェアトンが太陽神アポロンの息子であることを、友達に証明しようとして4頭立ての太陽の馬車を走らせました。しかし、馬たちは馬車に乗っているのがアポロンではないことに気づき、勝手に走り出しました。フェアトンは馬たちの制御をすることができなくなり、道を外れた太陽の馬車は地上の野山を燃やし川を干上がらせました。この騒ぎを止めるために、ゼウスは雷をおとし、それを受けたフェアトンはエリダヌス川へ落ちました。

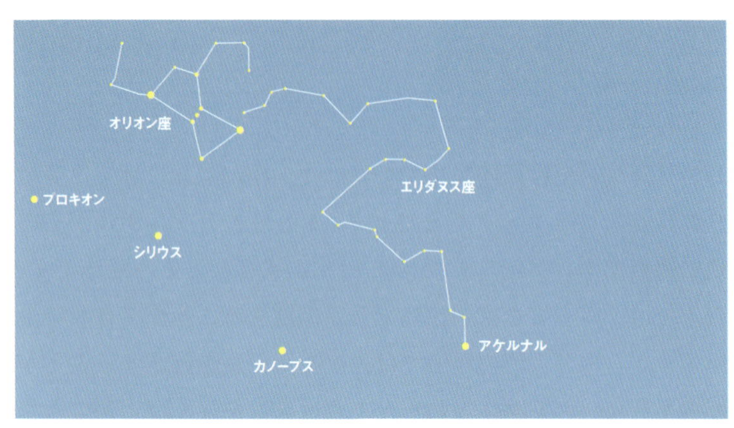

エリダヌス座の周りの星座たち。

▶ 1月20日20時頃　小笠原　父島

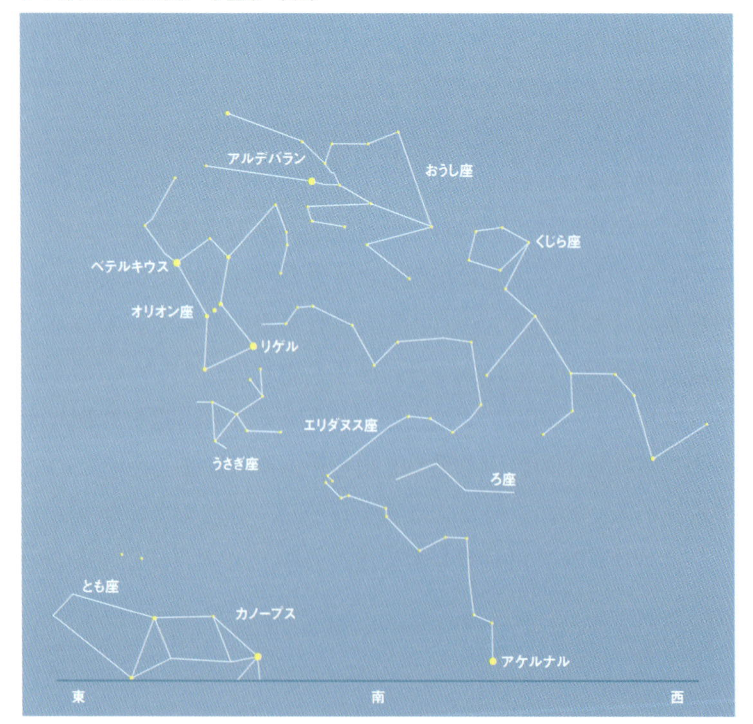

SECTION
4 シリウスとカノープス

シリウス

星座を形づくる星の中で、一番明るいのはおおいぬ座の**シリウス**です。シリウスは冬に日本中でよく見える星です。おおいぬ座では、小さな三角の犬の顔の一点で、鼻先にあたる星です。シリウスの意味は「焼き焦がすもの」とされ、ギラギラ輝く星の光があまりにも強烈なことから、周りの星さえも焦がしてしまうのではないかと思われていました。古代エチオピアでは「ナイルの星」と呼ばれ、明け方にシリウスが昇ってくる頃はナイル川が氾濫するので、その指標にされた星です。

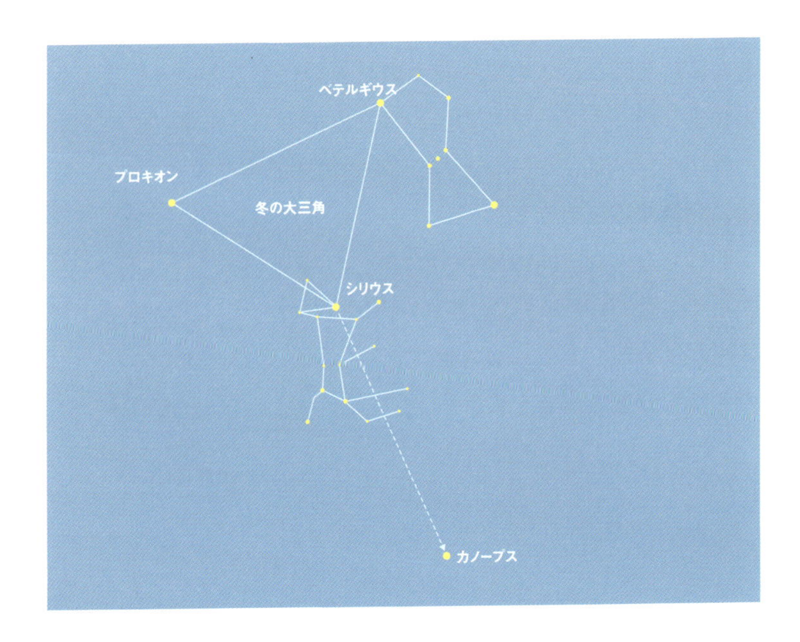

ポリネシア人は、このシリウスを使って海を渡り、昔ハワイやタヒチへ移動したといわれています。

このシリウスとオリオン座のベテルギウスとこいぬ座のプロキオンを線で結ぶと大きな三角形ができます。この星の並びを「冬の大三角」と呼びます。シリウスからカノープスを探すこともできます。

カノープス

2番目に明るいのがりゅうこつ座の**カノープス**です。日本では東北地方南部より南の地域でしか見ることはできません。カノープスは黄白色の色ですが、関東地方で見る場合は、地平線ギリギリなので、高度の低さから赤みがかって見えることもあります。

カノープスが赤味がかって見えることから、中国では「南極老人星」と呼び、この星を見た者は長寿になるという伝説も生まれました。カノープスの伝説は日本でもあります。

カノープスは、ギリシャ神話に登場する巨大な船のアルゴ船にちなんだアルゴ座の中の星でしたが、りゅうこつ座、ほ座、とも座、らしんばん座の4つに分割されました。

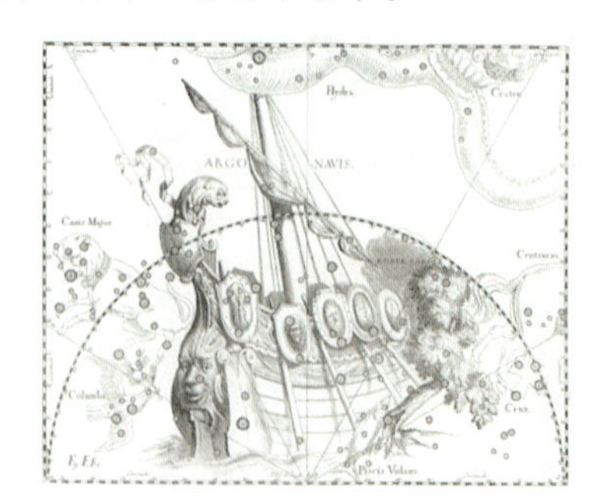

ヨハネス・ヘヴェリウスの星図に描かれたアルゴ船
Wikipedia「アルゴー船」より

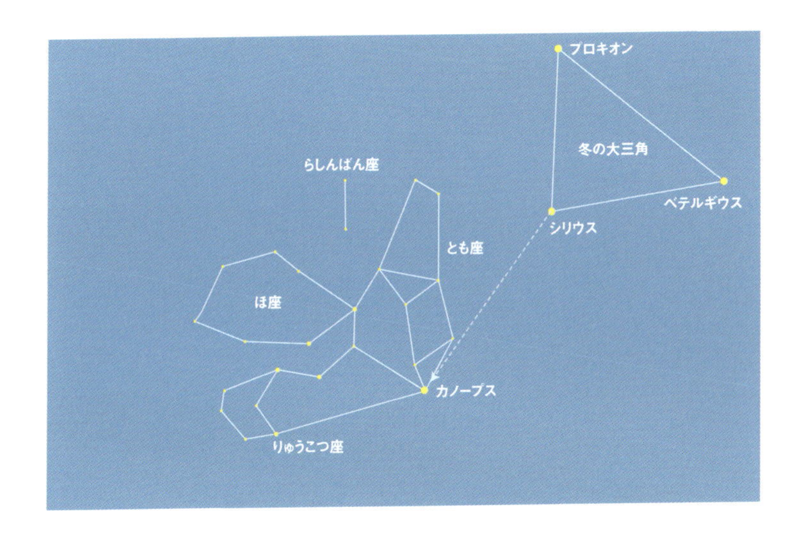

りゅうこつ座は船の本体にあたる部分で、りゅうこつとは、船の骨組みを意味しています。南の島では、航海の指標に使った星です。

日本での呼び名

房総から遠州灘一帯ではこの星を「めら（布良）星」と呼び、海で死んだ漁夫の魂が化したものとされています。カノープスは、天気の変わり目に南の空に低く現れるので、この星が南の地平線に見えると暴風雨になると信じられており、めら星が見えたら漁を休むといわれていました。このほかにも地平線や水平線ギリギリに見えることから「おおちゃく星」とか「すれすれ星」といったような呼び名があります。

SECTION 5

南の野鳥園（つる、ふうちょう、くじゃく、ほうおう、きょしちょう）

▶ 12月20日20時頃　パプアニューギニア

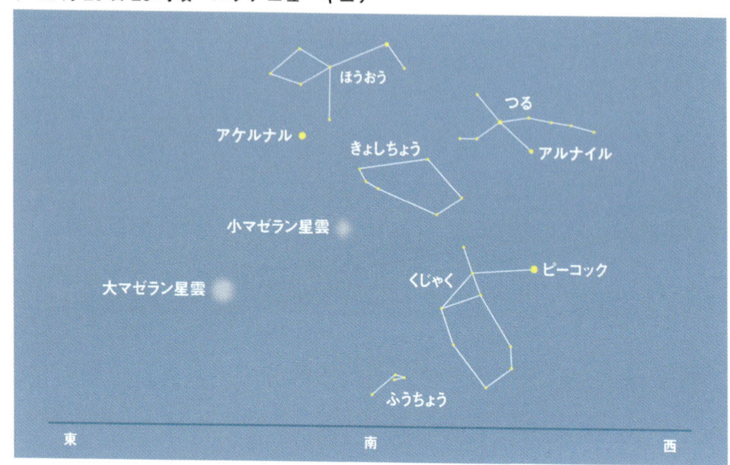

南天の星座の中には、鳥の星座が多く含まれています。大航海時代に、南アフリカや東南アジア、南アメリカ大陸など、ヨーロッパでは見られない鳥たちが、南天の星座としてまとめられました。新しい星座のため神話はありません。

鳥の星座がまとまっているので、南の野鳥園と私は呼んでいます。

つる座

日本では東京より南の地域で秋（10月～11月）に、南の空低くに星座の一部を見ることができます。夜空に羽を広げ首を伸ばしている姿

を想像できます。2等星の**アルナイル**が目印です。

ふうちょう座

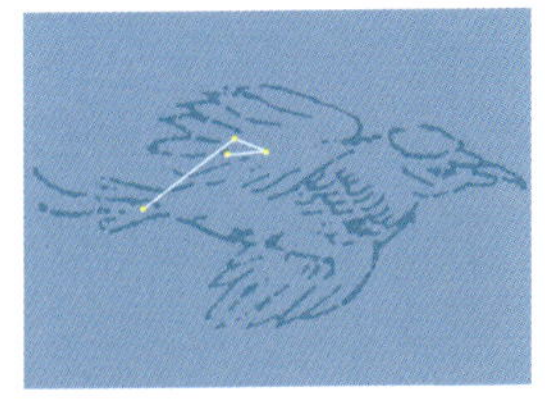

風鳥とはニューギニア島にいる極楽鳥（ごくらくちょう）の通称で、16世紀にヨーロッパに初めて紹介された鳥です。当時は珍しいので、乱獲されました。日本からは見ることができない星座です。

くじゃく座

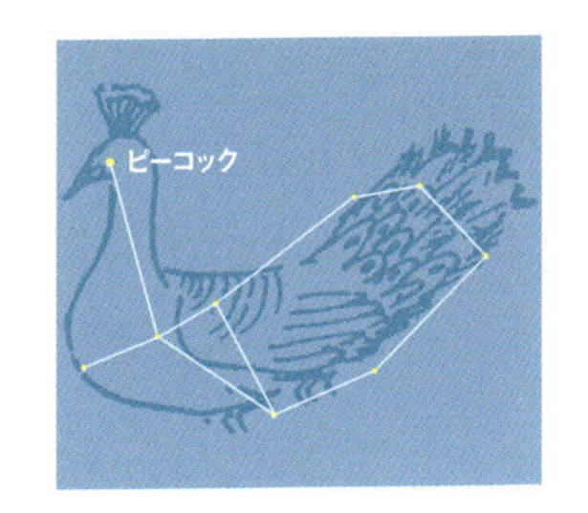

大航海時代に船乗りたちが、インドなどで生息する美しく羽を広げる孔雀をみて、星座としたのでしょう。天の南極近くにある星座ですから、ほとんど日本では全体を見ることはできません。南半球に行って見たい星座の1つです。**ピーコック**という2等星が目印です。

ほうおう座

古代ギリシャやローマで信じられていた伝説の鳥、不死鳥の星座です。沖縄以外ではその一部がやっと見える星座です。明るい星がありませんが、冬の南天の星座たちと一緒に見

えます。目印としてエリダヌス座の１等星アケルナルの北側に見えます。

きょしちょう座

日本から見るのは難しい星座の１つです。

きょしちょうとは、くちばしの大きな南米の鳥のことです。大航海時代にヨーロッパに紹介された鳥で、南天の星座となりました。明るい星はありませんが、見つけ方はエリダヌス座の１等星アケルナルを更に伸ばしていくといびつな五角形があります。近くには、小マゼラン雲が見えます。

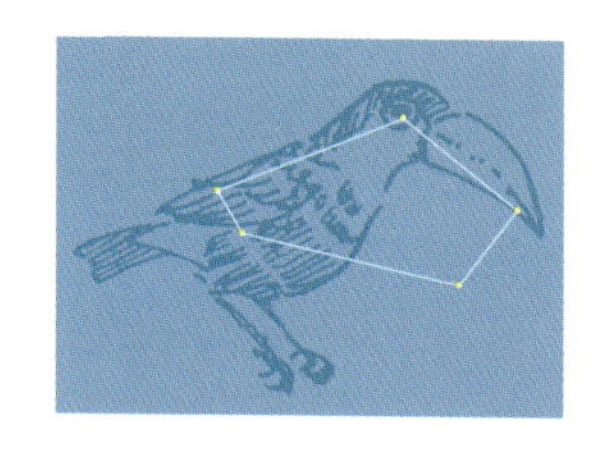

ドッペルマイヤー（Johann Gabriel Doppelmayr　1671-1750）の南天図

▶オークランド　8月20日頃20時の空

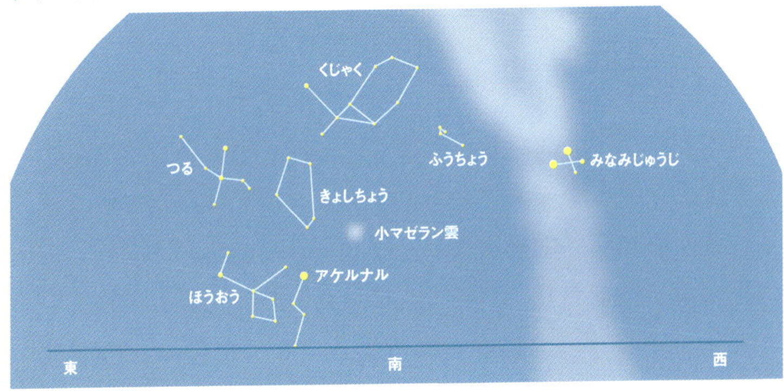

▶パプアニューギニア　10月20日頃20時の空

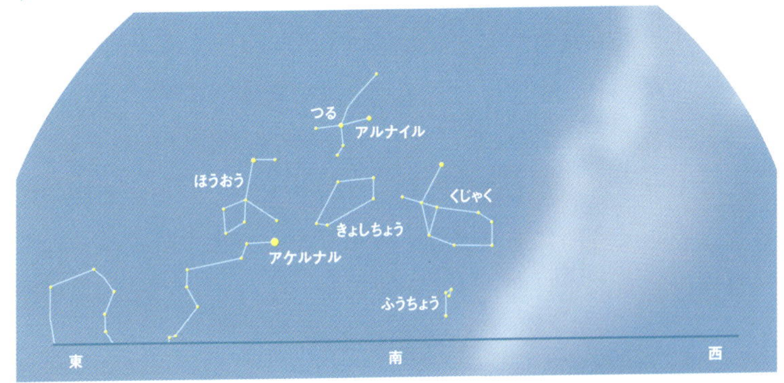

SECTION 6 大マゼラン雲、小マゼラン雲、みずへび座

南天の夜空で心惹かれる天体といえば、みなみじゅうじ座と大マゼラン雲と小マゼラン雲でしょう。南半球の人々にとっては、昔から知られている夜空に浮かぶ雲でした。実際は、沢山の星が集まっており、雲のように見えるので星雲と呼んでいました。ヨーロッパ人に知られるようになったのは、16 世紀のフェルディナンド・マゼランによる世界一周航海からです。残念なことにマゼランは航海途中で亡くなりますが、同行したアントニオ・ピガフェッタが記録に残しています。航海の目印として大マゼラン、小マゼランを使っていたようです。当時は白い雲と記載されており、後にマゼランの名前が付けられました。

大マゼラン雲はかじき座とテーブルさん座に、小マゼラン雲はきょしちょう座にあります。マゼラン雲を探す時には、みずへび座の三角形を目印にすると良いでしょう。

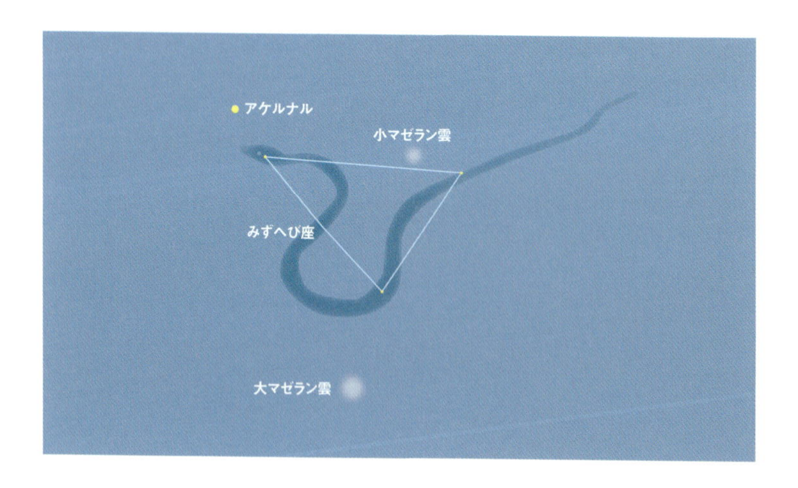

パプアニューギニア（南緯7度付近）の20時では、11月から3月にかけて大小のマゼラン雲を見ることができます。

▶パプアニューギニア　11月20日頃20時の空

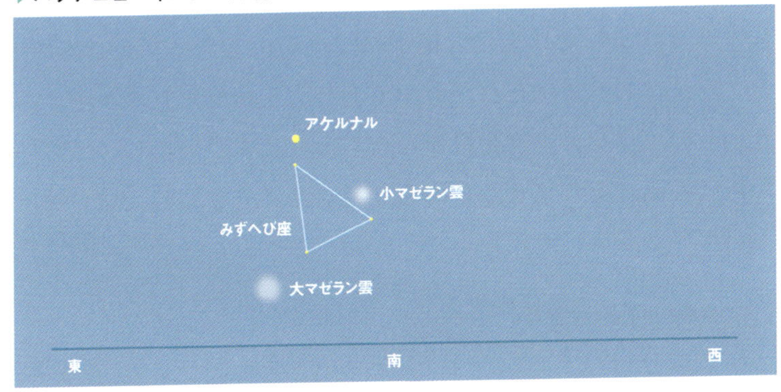

▶パプアニューギニア　3月20日頃　20時の空

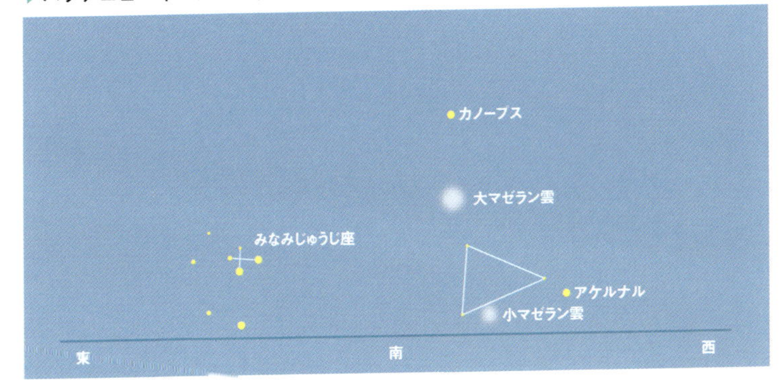

SECTION
7 その他の星座

南半球の星座には、大航海時代に発明された機械の名前なども付けられました。また、南アフリカの山「テーブルさん座」のように地名が付けられたものもあります。「カメレオン座」「はえ座」のような、生物の星座などもありますが、新しい星座のために神話はありません。明るい星があまりないので見つけにくいものが多いです。

▶天の南極を中心とした星座

CHAPTER

2

南天の星座と大航海時代
冒険者になって夜空を眺めよう！

SECTION

1 星座の始まりについて

バビロン近郊で発掘された粘土板集、さそり座が描れている

星座は今から5000年ほど前に作られたといわれています。夜空で星と星とを線で結び、物の形や動物の形、神話や伝記に出てくる人物にたとえたものが星座として作られました。その目的は夜空に輝く星を区分するためだったようです。現代のように、時を告げる時計もカレンダーも無い時代、この天空上の星たちは、生活に欠かせない指標となっていたのです。農耕生活を始めるにあたり、種まきの時期、季節の変わり目を見分けられるものがこの星々だったのです。無数の星を見分けるために、目立った星には名前を付け、星座にして語り継がれてきました。

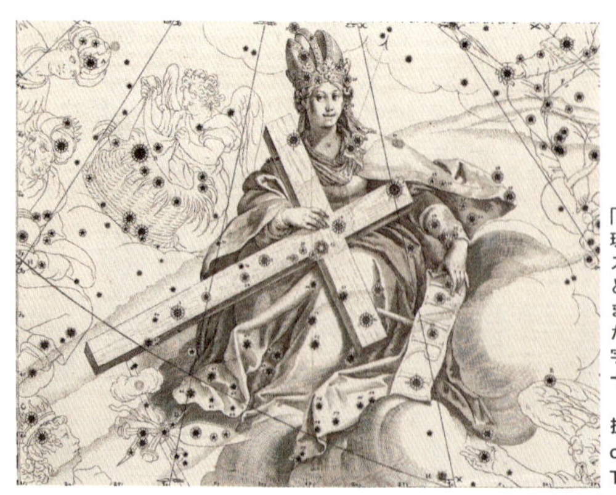
「シラーのキリスト教星図・十字架」
現在は、はくちょう座ですが、クリスマスの星座として紹介されることがあります。
また、日本では「十文字」と呼ばれたこともあり、南天の空に輝く南十字に対して「Northern Cross（北十字)」の名前で親しまれています。

提供：Linda Hall Library of Science, Engineering & Technology

人間の長い歴史の中で、星座はいろんな地域で好き勝手に名前を付けられていました。例えば、時の権力者の名前を付けた星座、物語を題材にそれに関連する星座などです。

現在の星座の基となっているのは、紀元後2世紀のギリシャの天文学者、数学者、そして地理学者でもあり更に自然哲学者のトレミー（プトレマイオス・クラウジオス）が作った星座で、「トレミー（プトレマイオス）の48星座」といわれ、現在47個が星座として残っています。

この5000年という月日は、宇宙のスケールからいうとあっという間です。星座の星の並びは殆どといって良いほど変わっていません。昔の人が作った星座を、私たちは今も楽しむことができるのです。

SECTION 2 大航海時代の星座

15世紀、ヨーロッパの国々は勢力を広げるために海の向こうへと進出していきました。中でもポルトガルとスペインはアフリカ・アジア大陸、アメリカ大陸に進出していきます。特にスペイン王の命を受けたマゼランは世界一周を果たそうとします。残念ながらマゼランは世界一周を果たすことはできませんでした。この時代は大航海時代と呼ばれています。広大な海原に多くの人々が船に乗り航海をしましたが、全員が目的を果たし戻ってくるわけではありません。安全な航海のために星の観測の必要性が高まったことと、何より今まで知らなかった南半球の陸地や文化、そして航海に必要な星空の情報が船乗りからもたらされたことから、しだいに星座への関心が高まっていきます。

こうして、古代ギリシャ時代につくられた以外の南天の星座が誕生しました。大航海時代に作られた南天の星座には、ほとんど神話のような物語はついていません。新しい星座名を付けるにあたって、その当時最も科学の先端であった道具や航海に必要な道具、南国の珍しい鳥や魚などの名前が付けられました。中でも「みなみじゅうじ座」は、航海の無事を祈って付けられたといわれています。

徐々に星座の数が増え、統一が必要になり1928年、国際天文学連合の設立総会で現在の88星座の名前と星座の境界線が定められました。

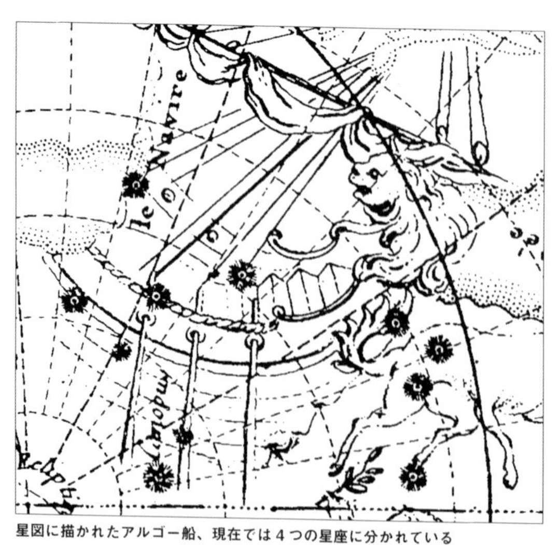

星図に描かれたアルゴー船、現在では４つの星座に分かれている
『フラムスチード天球図譜』恒星社厚生閣

SECTION
3 国旗の中の星座

星の絵柄が織り込まれている国旗は数多くあるようですが、星座の形が国旗に織り込まれているいくつかの国があります。特に南半球の国では、みなみじゅうじ座などの星が国旗のデザインに組み込まれています。いくつかご紹介しましょう。

オーストラリア

日本から行きやすい南半球にある旅行先といえば、やはりオーストラリアでしょう。17世紀初めにオランダの探検家たちが発見した大きな大陸です。1770年にスコットランド人のジェームズ・クックがシドニーに上陸して領有を宣言し、入植が始まりました。

オーストラリアの国旗
ユニオンジャックと南十字

みなみじゅうじ座

オーストラリアの国旗は、イギリスとのつながりを象徴するユニオンジャックが使用され、国土がイギリスの西側であることを示し、南半球を象徴する南十字星がデザインされています。ユニオンジャックの下にある七条の光を放つ大きな星（七稜星）は星座を現しているのではなく、連邦の星（コモンウェルス・スター）で6つの州とタスマニア島を表現しています。

オーストラリアでは多くの固有動植物が生息しています。エミューという飛べない鳥もその1つです。オーストラリアでは、天の川の雄大な流れを、このエミューに見立てた伝説があります。

エミューと天の川

エミュー
Wikipedia「エミュー」より

オーストラリアの先住民アボリジニに伝わる話です。全盲の夫が妻と一緒に暮らしていました。妻は夫に毎日エミューの卵を取るようにといわれていました。

妻は、一所懸命夫のために卵を取るのですが、取ってきた卵を見て夫はいつも妻に対し「エミューの卵が小さくって足りない！」と怒鳴っていました。

ある日、妻はいつもより大きいエミューの巣を見つけました。そして大きい卵も見つけましたが、しかしそこには、大きなエミューもおり、妻はエミューに殺されてしまいました。

全盲の夫は、帰ってこない妻を心配しましたが、お腹がすいており、潅木のみを食べていました。すると、目が見えるようになり、彼は、やりとブーメランを作って妻を捜しに出かけました。やっとのことで妻を見つけましたが、すでに死んでいました。そして、その傍らには大きなエミューがいました。男はエミューを殺し、エミューの魂を天の川まで追放しました。

アボリジニでは、天の川全体をエミューと見立て、南十字星の右下のところはエミューの頭、首は北斗七星の升にあたるところと見なしています。

オーストラリア２ドル硬貨

２ドル硬貨裏面には「2 DOLLARS」、「アボリジニ」と「南十字星」の図案がデザインされています。

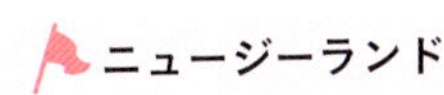

ニュージーランド

ニュージーランドの国旗
ユニオンジャックと南十字

オーストラリアのすぐ東、南西太平洋（オセアニア）のポリネシアにある島国です。

9世紀頃、ポリネシア人開拓者がニュージーランドにやってきました。星を頼りに多くのカヌーに乗ってニュージーランドにたどり着いたのではないでしょうか。ニュージーランドにたどり着いたポリネシア人の子孫はマオリ人と呼ばれています。

17世紀オランダの探検家によって、ニュージーランドはヨーロッパに知られるようになります。当初この島を南米チリの南に位置する島と間違えていましたが、再調査によって違うことがわかり、「新しい海の土地」と名付けました。そして100年以上後にジェームズ・クックが訪れた時に、英語で“New Zealand”と呼んだため、この名が使われるようになりました。

ニュージーランドの国旗は、オーストラリアと同じように、イギリスとのつながりを象徴するユニオンジャックが使用され、国土がイギリスの西側であることを示し、南半球を象徴する南十字星がデザインされています。

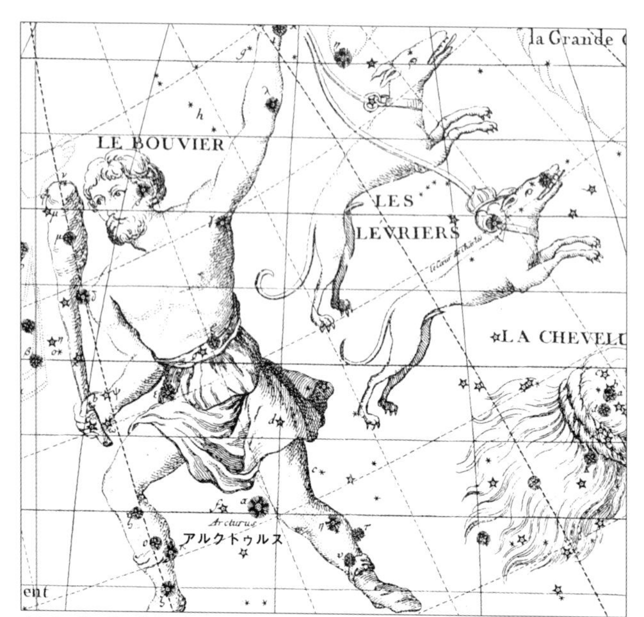

うしかい座、りょうけん座

『フラムスチード天球図譜』恒星社厚生閣

サモア独立国

サモア独立国の国旗
南十字座、赤は忠誠と勇気、白は純潔、青は愛国心と自由を表す

南太平洋（オセアニア）の島国で、イギリス連邦加盟国です。18 世紀、オランダの探検隊によって発見され、ヨーロッパに紹介されました。ラグビーが国技とされています。

国旗の中の南十字星はニュージーランドの国旗のように当初は星が 4 つでしたが、1949 年に国連信託統治領になったのをきっかけに国旗の中の星も 5 つに増やされました。国旗の中に南十字星をデザインすることによって、南半球に位置している国であることを示しています。住民も文化もポリネシア系です。

「青い、青い空だよ～」で始まる「サモア島の歌」というポリネシアの民謡があります。日本では小林幹治氏が歌詞を付け、NHK の「みんなのうた」で放送されました。

ポリネシア神話において太平洋に浮かぶ数々の島とそこに住む人々を創造したとされる神はマウイ（Māui）と呼ばれています。彼に関する神話はニュージーランドのマオリ族、ハワイ、タヒチ、サモアなどポリネシアの広範囲に渡っています。「サモア」とは、ポリネシア神話の創造主タンガロアの息子であるモアの聖地を意味するといわれています。

3500 年昔、フィジー周辺から星を航海の目印としてたどり着いた陸地だったのでしょう。

パプアニューギニア

赤道のすぐ南に位置しており、日本から直行便で約6時間半、世界で2番目に大きな島、ニューギニア島の東半分をはじめとする600の島々からなります。首都はポートモレスビーです。

パプアニューギニアの国旗
南十字座と赤地部分には国鳥であるアカカザリフウチョウ

3万年以上前から人が住んでいますが16世紀にポルトガル人が来航してパプアと命名し、ヨーロッパに紹介されました。

アカカザリフウチョウ
Wikipedia「アカカザリフウチョウ」より

パプアニューギニアでは「精霊」を非常に大事にしている文化があります。昔は800にも及ぶ様々な部族から構成されていました。パプアニューギニアの国会議事堂のモチーフにも採用されており、国を代表する建築物「精霊の家」が精神世界の根幹を担う象徴的な建築物です。精霊の家は複数の集団を社会的に統合する役割の場所として捉えられています。そして、水、大地、森の自然や、太陽、月、星などが「精霊」と見なされています。

ニューギニア島の西半分はインドネシアの「パプア州」

ブラジル連邦共和国

ブラジル連邦共和国の国旗

ブラジルは、南アメリカ大陸にある連邦共和制国家です。日本からすると地球の反対側の国ですが、日本から多くの移民の方々やそのご子孫が暮らしています。

1500年にポルトガル人によって発見され、それ以降ブラジルはポルトガルの植民地なりました。首都リオデジャネイロは1502年に訪れたイタリア人のアメリコ・ヴェスプッチが「1月の川」という意味で付けた名前です。しかし、ブラジルの最初の住民は、ベーリング海峡を渡ってアジアからやって来た人々でした。彼らは紀元前8000年頃、現在のブラジルの領域に到達したようです。後に訪れたヨーロッパ人によって先住民は「インディオ」（インディアン）と名付けられました。南天の星座の中に「インディアン座」があります。

ブラジルのインディオ（1820年頃画）
Wikipedia「インディオ」より

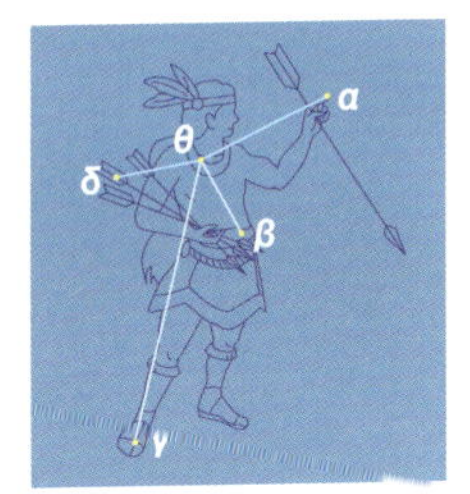

インディアン座

国旗の中央の円は共和政が樹立された日の（1889年11月15日）の朝（8時30分）のリオデジャネイロの空を表しています。天球を外側から見たイメージなので、星座は左右反転しています。円内には27個の星があり、それぞれブラジル連邦共和国を構成する26州と1連邦直轄区を表しているそうです。

それぞれの星座と星は、

①こいぬ座のプロキオン
②おおいぬ座
③りゅうこつ座のカノープス
④おとめ座のスピカ
⑤うみへび座
⑥みなみじゅうじ座
⑦はちぶんぎ座
⑧みなみのさんかく座
⑨さそり座のアンタレス

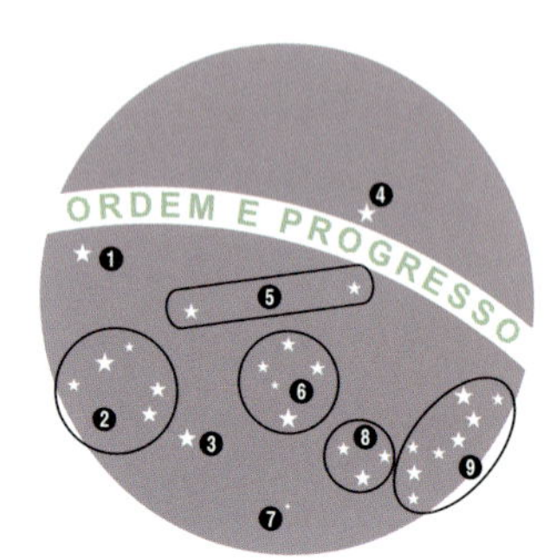

ブラジル国旗の拡大図。
中央の白い帯にはポルトガル語で「秩序と進歩」の意味

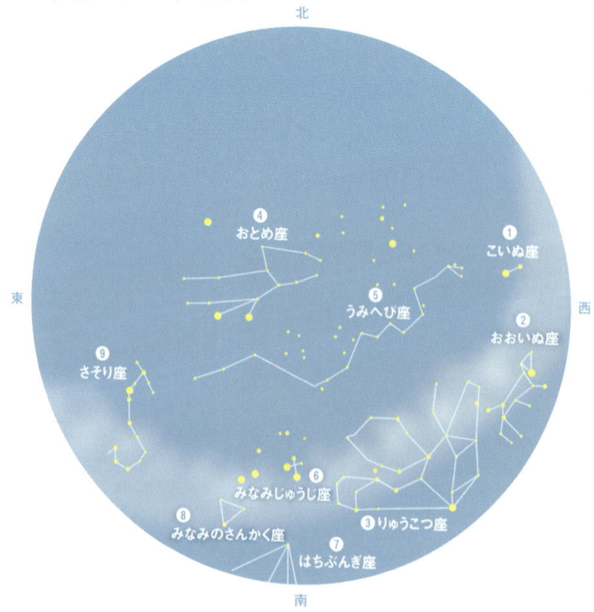

1889年11月15日の朝（8時30分）のシュミレーションの画像。地上から見ると国旗の星々とは左右が反対になっている。

CHAPTER

3

緯度の違いと星座の見え方
あなたも星座解説者に！

南半球の星々はいかがでしたか。

星は見る場所の緯度により印象が違います。

すでにみたように、旅行先によっては、日本で見ることのできない星座も季節によっては、見ることができます。だから、星々を見るときには、見える季節と場所を押さえておく必要があります。

ここでは、オリオン座とさそり座を例にとって、東京、ハワイ、グアム、サイパン、アデレード、シドニーで見え方がどのように違うかをみてみましょう。他の南国での星座の見方については、各都市の緯度を掲載（p6 ～ 7）しましたので、参考にしてください。

SECTION 1 オリオン座……勇者に出会う旅！

冬の星空で最もよく名前を聞いたことがある星座は、「オリオン座」ではないでしょうか。オリオン座は1等星が2つあり、狩人オリオンのベルトにあたるところに2等星の三ツ星が輝いています。街灯があっても、意外と確認できる星座です。しかし、見る場所の緯度により印象が違います。

1） 日本での見え方

冬を代表する星座の1つがオリオン座です。オリオン座は、**三ツ星**を囲むように4つの星で四角形を描いています。1等星は2つあり、左上が**ベテルギウス**で、意味は「脇の下」とか「肩」

と言う意味、右下の**リゲル**は「足の下」という意味です。更に三ツ星のすぐ下に小さな三ツ星（小三ツ星）が縦に並び、その真ん中にはオリオン大星雲があります。4等星くらいの見える星空ならば肉眼でも確認することができます。

色々な神話が語られています。オリオンは横暴であったが故、女神ヘーラによって懲らしめのために放たれたさそりに刺されて亡くなった狩人で、さそりが怖くて、さそり座が見える夏にはオリオン座が見えない（隠れる）のは、そのためといわれています。

また違う神話では、オリオンは海の神ポセイドンの息子で、海の上を歩くことができました。ある日オリオンが海の上を歩いているとき、オリオンの恋人で月の神アルテミスが誤って放った矢にあたり亡くなってしまいました。それを悲しんだアルテミスが神に頼み、オリオンを星座にしてもらいました。

さまざまな神話をもつオリオンですがその星の並びは、初心者の方でもすぐに見つけることができるでしょう。

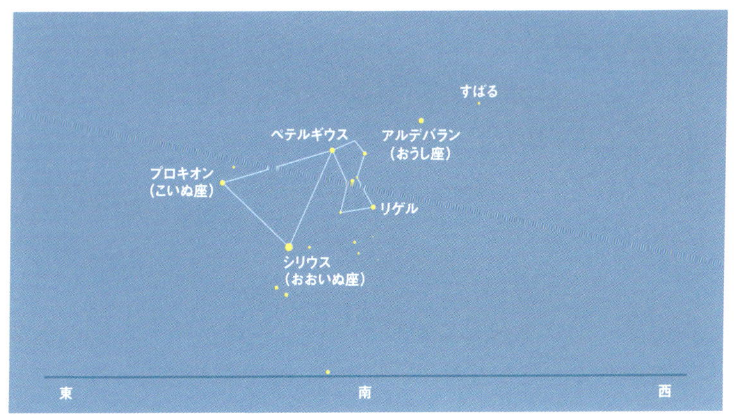

東京で見た時のオリオン座（2月中旬　20時頃）

II）ハワイでのオリオン座

ハワイの緯度ですが、ハワイ諸島の南に位置するハワイ島は、北緯19度ほどです。日本の小笠原諸島父島が約北緯27度ですから、日本から見える星座に比べると、多くの南天の星々や星座を見ることができるでしょう。ハワイ語ではオリオン座を「カ・ヘイヘイ・オ・ナー・ケイキ」といいます。「子供達のあやとり」という意味です。日本でもオリオン座の星の並びを楽器の「つつみ」に見立てています。このつつみをあやとりで作ることもありますね。

オリオン座は日本で見るより、手のこぶしをたてにした1個ないし2個分やや空高く見えます。日本より緯度が低いためにその分、空の高いところで見えるのです。勇者オリオンは、勇敢におうし座と戦い、おとものおおいぬ座は、オリオンの足元にいるうさぎ座を追いかけています。おおいぬ座のシリウスはハワイ語でカイルア（2つの境界）と呼ばれています。

ハワイではオリオン座が南の空高くに見えているとき、一緒にカノープスを見ることができます。特に冬から春にかけての夜空では、全天で21個ある1等星のうち10個ないし11個の1等星を見ることができます。賑やかな星空をお楽しみください。ハワイ語で星のことを「ホク」といいます。きらめく星のことを「ホクラニ」といいます。たくさんのホクラニに出会えることでしょう。

ハワイの島々を発見し、移り住んだのはポリネシアからカヌーでやってきた人々だといわれています。その人々は文字を持たなかったので古くから言い伝えによって話が伝わっています。うしかい座の１等星アルクトゥルスを目指して船を進めたところ、ハワイの島々にたどり着いたといわれています。このことからアルクトゥルスをハワイ語で「ホクレア」と呼び、「幸せの星」と伝えられています。ポリネシアに帰るときは、おおいぬ座のシリウス「カイルア」を目印にしたそうです。

	ハワイ語	意味
南十字星	ハナイアカマラマ	月に愛されている
北極星	ホクパア	固定された星
北斗七星	ナー　ヒク	7つの星
彗星	ホクウェロウェロ	一定の所にいない星
流れ星	ホクレレ	飛ぶ

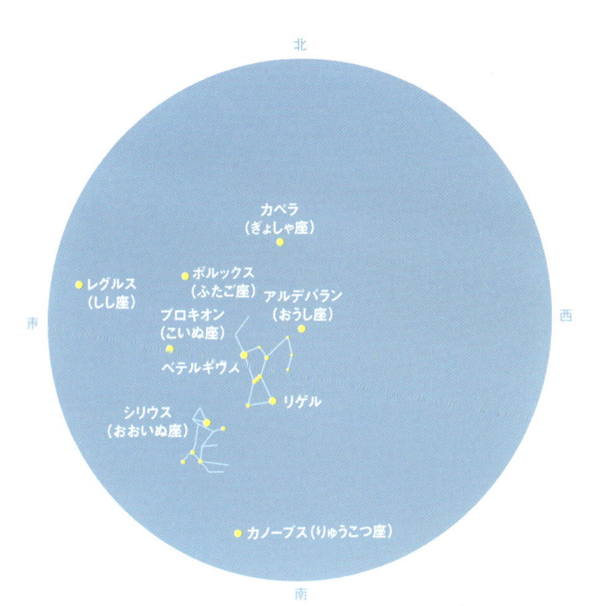

南国では一度に10個の１等星を見ることができます。（2月1日頃　20時の空）

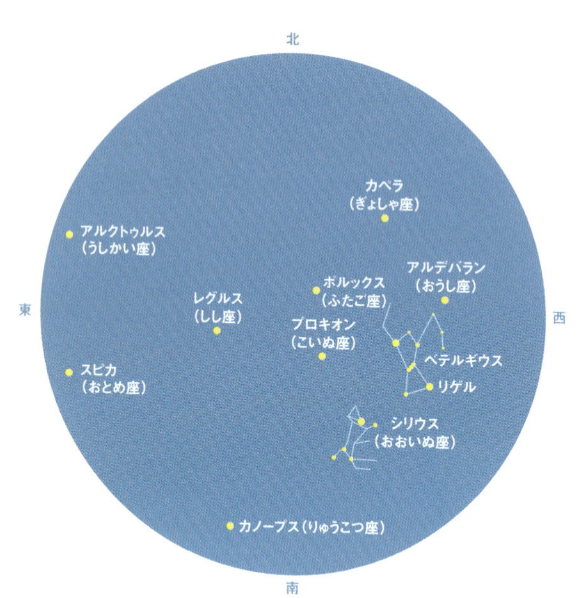

春の星座とともに11個の1等星を見ることができます。（4月1日頃　20時の空）

III) グアム、サイパンでのオリオン座

日本から南下するにつれて、オリオン座は天高く見えます。夜空を見上げる場所も赤道に近づくにつれ、天頂（頭の真上）に見えるようになり、頭上から勇者オリオンが獲物を狙っているようです。オリオンの足下には、うさぎ座があります。このうさぎはオリオンから逃れようと必死に走っている姿です。

オリオンの狩の手伝いをするおおいぬ座とこいぬ座も東の空に見えます。

オリオン座のベテルギウス、おおいぬ座のシリウス、こいぬ座のプロキオンを結ぶ線が「冬の大三角」です。全て1等星ですから、容易に見つけられるでしょう。夜空に大きな三角が描けます。

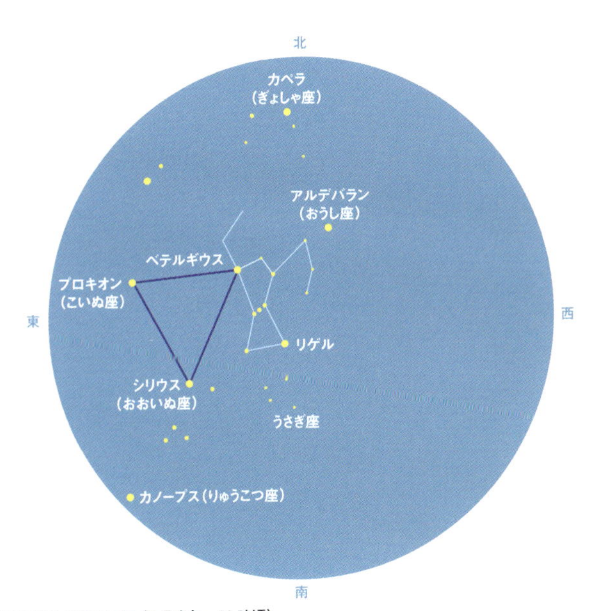

グアムで見た時のオリオン座（2月中旬　20時頃）

Ⅳ） アデレード、シドニーでのオリオン座

赤道を越えさらに南下すると、日本で南の空に見えていた星座は、北の空に星座が上下ひっくりかえって見えます。勇者オリオンも頭を地上に向け、逆立ちしているようです。

これまで狩人オリオンに踏みつけられていたうさぎは、どうやらオリオンに捕まえられずにすんだようです。

オーストラリアのヨルン族では、オリオン座をデジュルパン星座といっています。この意味は、カヌーに乗っている三人の兄弟です。三ツ星を兄弟とし、三人はオリオン座の星雲を魚として、魚を得ようと釣り糸を垂れています。そして、兄弟は、女性の集団であるおうし座のプレアデス星団（すばる）を追いかけているとして伝えられています。

ギリシャ神話にも、オリオンはプレアデス姉妹を追いかける星座とも伝えられています。場所が変わっても、お話が似ているのは面白いですね。

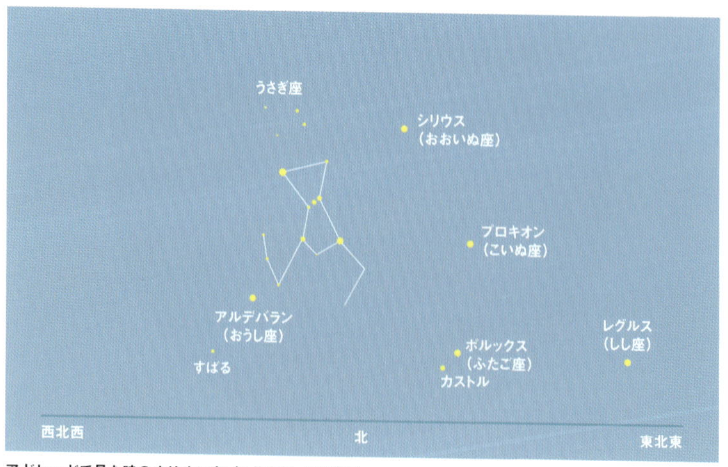

アドレードで見た時のオリオン座（2月中旬　21時頃）

SECTION 2 さそり座……圧巻のさそりに出会う旅！

1) 日本での見え方

夏を代表する星座の１つがさそり座です。お誕生日の星座でもあるので、名前を知っている方は多いでしょう。しかし、お誕生日（黄道十二星座）の星座を夜空で探す場合は、お誕生日月の３～４か月前の夜が見ごろです。

さそり座を探す時は、アルファベットのＳ字が横倒しになった星の並びを探しましょう。１等星の**アンタレス**は赤く輝き、星座絵ではさそりの心臓部分に位置しています。時々アンタレスの近くに火星が見える時があります。アンタレスはアンチターレスのことで「火星と敵対する」との意味です。火星とアンタレスは星の赤さを競い合っているかのようです。

日本では南の空、比較的低いところに位置する星座です。その星の並びが水平線に近いところから、魚をつる釣竿の先についている針に見立てられ、「魚釣り星」とも呼ばれています。

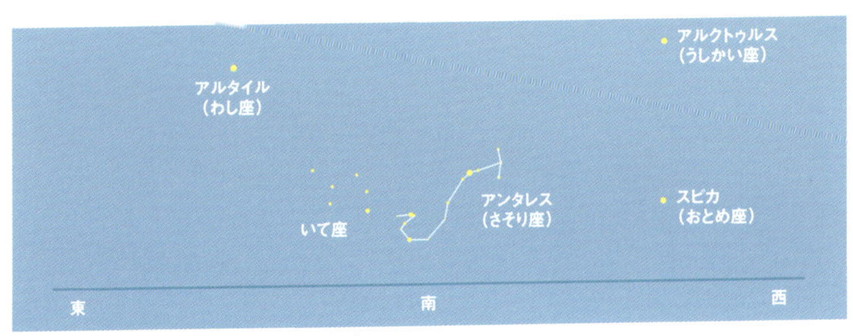

日本で見た時のさそり座（7月中旬　21時頃）

II）ハワイでのさそり座

9月末の20時には、日本ではさそり座がほとんど地平線に沈み、全容を見ることができませんが、ハワイでは、日没後の6月から10月半ばまでさそり座を見ることができます。

日本ではさそり座の星の並びを、魚をつる釣り針に見立て「魚釣り星」と呼びますが、ハワイでも釣り針にみたてた伝説がいくつかあります。「マウイの釣り針」と呼ばれています。ある伝説では、ハワイの島々の行き来が大変なので、マウイの釣り針で島々を引っ張り１つの島にまとめようとしました。その作業をしていたのは半分神の血をもつマウイでしたが、この魔法の釣り針はすべての作業を終えるまで振り返ってはいけないという規則がありました。しかしながら、途中で振り返ってしまったマウイは島々を１つにまとめることができずに、現在のハワイ諸島のように島々が点在してしまったとのことです。

他の伝説では、奇跡を起こす「天からの釣り針」で魚を釣っていた兄弟が、魚のピモエを釣ったところ、釣れたピモエを見たらその魚が島に変わってしまい、島になったといわれています。海から島をつり上げた話はニュージーランドでもあります。

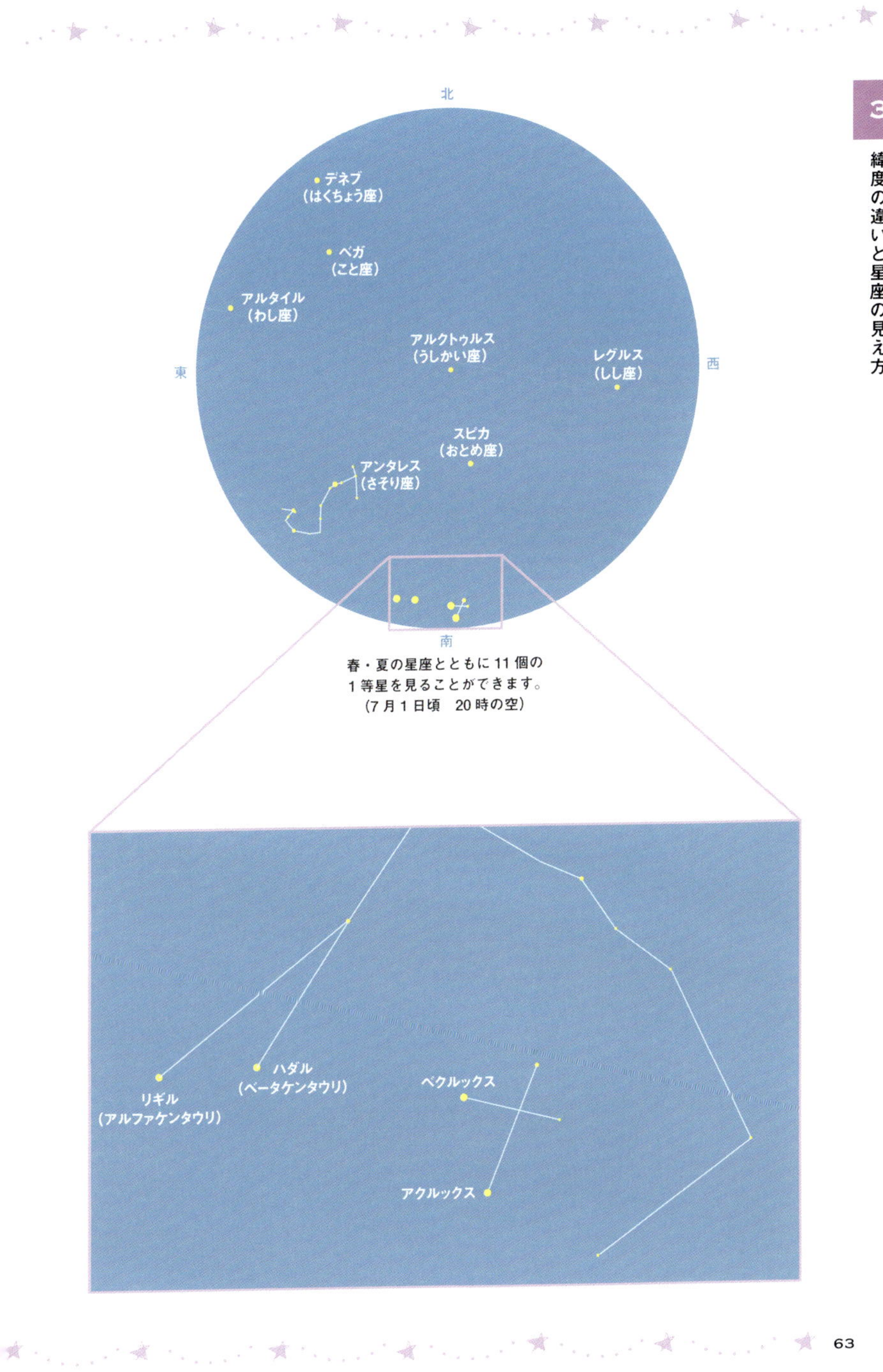

春・夏の星座とともに11個の
1等星を見ることができます。
(7月1日頃　20時の空)

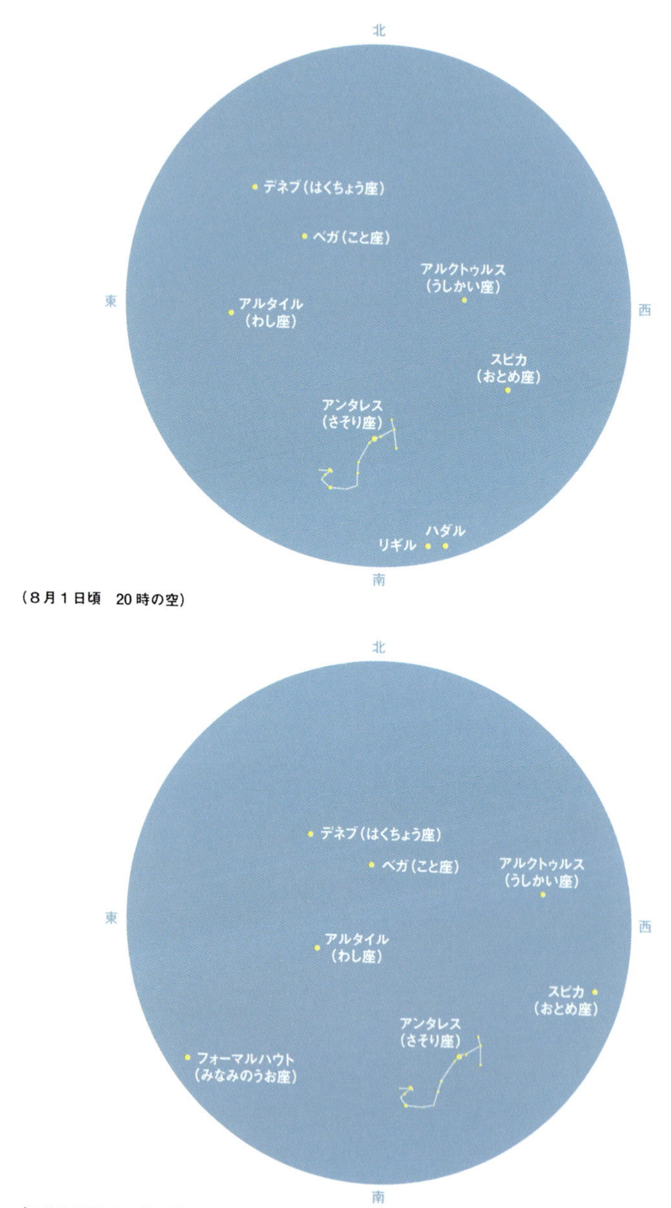

（8月1日頃　20時の空）

（9月1日頃　20時の空）

III） グアム、サイパンでのさそり座

日本から南下するにつれて、さそり座は空の高いところに見えます。夜空という海を泳いでいるかのようです。そして、大きなさそりははさみを振り上げ、地上にいる私たちに襲いかかってくるようにも思えます。日本で見るさそりはおとなしげに見えますが、空高く昇ったさそりは、オリオンを倒した勇ましいさそりを想像させます。

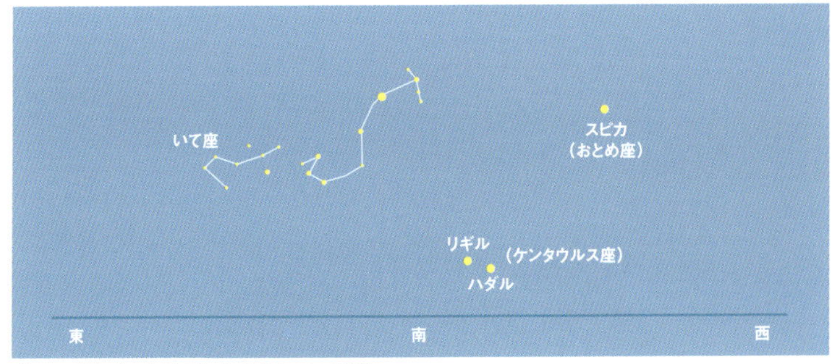

グアムで見た時のさそり座（7月中旬　21時頃）

IV） アデレード、シドニーでのさそり座

南半球では、さそり座、ケンタウルス座、南十字星の３星座はよく見えるため、南の空を代表するものとなっています。そして、さそり座の尾のカーブを釣り針と見た伝説が、ここでもあります。

伝説の中では、マウイが漁に出かけ、兄たちに隠していた釣り針で島を釣りました。しかし、その島は暴れ出し、マウイは海に飛び込みました。その間、兄たちはナイフで島を切りつけました。マウイは島にたどり着き、島を縛り上げて、おとなしくさせました。

その島がニュージーランドの北島です。今でもマウイの魚という意味の「テ・イカ・マウイ」と呼んでいます。名前通り、魚の形の島です。島が暴れたたときに、兄たちが切りつけた傷跡が、あちこちの山や谷になって残り、釣り針は、マタウ・ア・マウイという岬になりました。そして、この釣り針が跳ねて空に引っかかり、それがさそり座の尾の部分になったといわれています。

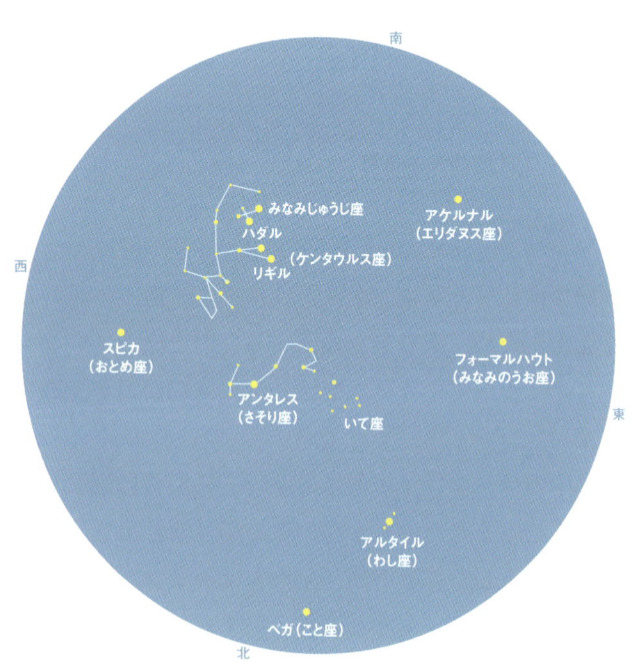

アデレードで見た時のさそり座(8月初旬 21時頃)

CHAPTER

4

デジタルカメラを使って星座を撮ろう！（初心者編）

旅の思い出には、風景や建物などの記念撮影はつきものです。最近は手軽にデジタルカメラや携帯電話のカメラ機能を使って、写真撮影ができます。南の星空をカメラに収められれば、旅の記念になりますし、日本では出会えない星空です。プロが撮る鮮明な天体写真でなくてもよいのです。旅の思い出に星が写っている写真があれば最高ですね。夕暮れなら、明るい1等星がお手持ちのデジタルカメラで写るでしょう。数秒ほど時間をかければ、南十字星も写ります。ぜひ、挑戦してみてください。

オーストラリアで撮影した夜空、ホテルの庭から

SECTION 1 カメラ機能の確認

最近は画素数の多い、様々な機能を持ったデジタルカメラがあります。コンパクトカメラや一眼レフカメラも豊富な種類が用意されています。望遠レンズや光学ズームを使って天体写真

を撮ることも可能ですが、今回は高機能を使わなくても風景写真の一部に星が写っているような写真を撮ってみましょう。

そのためには、お持ちのカメラに次の機能が搭載されているか、確認してください。説明書に記載されています。

チェック項目

□フラッシュ撮影禁止モード
□マニュアル（M）撮影モード、夜景モード
□絞り（F）の設定
□露出時間（シャッタースピード）の調整
□感度設定機能（ISO 機能）
□ピント合わせの方法

尚、iPhone やスマートフォンのカメラにも、様々な機能が搭載されるようになりました。風景に月や明るい金星、木星なら写真に収めることができるでしょう。

あると便利なもの

□三脚

SECTION
2 カメラの設定

フラッシュ撮影禁止

オートのカメラでは、夜間の撮影だと自動的にフラッシュが起動されるようになっています。星を撮る場合には、フラッシュは必要ありませんから、フラッシュが出ないように設定をしてください。

撮影モードは「マニュアル」

カメラには撮影対象によってカメラのモード設定ができるようになっています。星を撮影する場合は、マニュアル（M）に切り替え、絞りや露出時間を設定することで星を写真に収めることが可能になります。

絞り（F値）…3.5以下をお勧め

絞りとはレンズの開き具合をいいます。光を取り込む穴の大きさを絞りF値で表します。この数値が小さいほど明るく写り、大きいほど写真は暗くなります。言い換えれば、F値が小さいほど淡い星の光を集めやすいということです。

値はカメラによって最小値が違いますが、多くの場合F値が3.5まで下がります。3.5まで下がらなければ最小値(F4とか)に設定します。もし、F2.8以下の設定が可能ならより小さなF値を使っても大丈夫です。

露出時間（シャッタースピード）

シャッタースピードはシャッターを開けている時間を指します。この時間が長いほど、光を多く通すので、写真は明るくなります。しかし、動いている被写体を写すときには、シャッタースピードが遅いほど被写体がブレて写ります。また、シャッターを押すときも手ぶれで被写体がブレてしまうことがあります。よって、三脚があると良いですね。星を写す場合は、できるだけシャッタースピードを遅くした方が、淡い星の光を写しこむことができますが、街灯など光害があるところではシャッタースピードが遅すぎると、写真全体が白く写ってしまうので気を付けましょう。

三脚を使ってカメラを固定することを固定撮影といいます。固定撮影の場合は、シャッタースピードを数秒に設定することも可能です。ただしその際は、星が点ではなく少し伸びた線のように写ります。風景や野山と一緒に星を撮影するのでしたら30秒ぐらいまでで良いかもしれませんね。

ISO感度

アイエスオー感度とか、イソ感度と読みます。どの程度弱い光まで記録できるかを示す指標です。数値が大きいほど感度が良く、淡い光まで捉えることが可能です。ただし、あまり感度を上げると、夜なのに昼間のように写ってしまい、その明るさに星の光が埋もれてしまう可能性がありますので、注意してください。撮影するとき、月が出ていて明るかったり、街灯の明かりの状況により、ISO感度は変えてください。

ピント合わせ

風景を一緒に取る場合は、遠くの風景にピントを合わせてください。無限大という設定があればそれをお勧めします。オートでピントを合わせる機能がついていると、カメラが勝手にピントを合わせようとしますが、一番遠くに合わせてください。風景や写真の場合、拡大して倍率をかけるより、広角（視野を広くして）にして撮影することをお勧めします。

絞り、シャッタースピード、ISO 感度を設定することにより、風景と星空の写真が可能です。お勧めは、絞りの F 値を小さくし、ISO 感度を大きくしてシャッタースピードを 1/2 あたりから遅くすることです。デジタルカメラはすぐに映した映像が確認できますから、調整しながら何度か撮影すると良いでしょう。

街灯の無い夜空の星々を映す場合、シャースピードを 1 秒～ 10 秒程で星空の写真が撮れるでしょう。

三脚を使う

手ぶれ防止のために三脚を使う事をお勧めします。三脚がない場合は、手で構えるよりカメラを固定して置きます。

しかし、特に海外の場合は、カメラを手から放すと盗難にあう可能性がありますから、十分注意してください。

カメラの特性もあります。色々設定を変えて数枚撮ってみると良いですね。

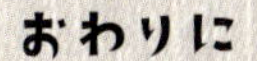

日本とは緯度が異なる海外にて、夜空を見上げた時は、風景と同じように夜空の様子も違って見えます。
日本とは違う夜空を楽しんで見上げて頂きたいのですが、海外の治安に注意して、行動していただきたいと存じます。
更に夜は十分注意が必要です。
南国は空気が澄んでる場所も多く、少しの明かりがあっても星は見ることができるでしょう。
安全に注意してぜひ、日本では見ることのできない星々や、雰囲気をお楽しみください。

最後になりましたが、この本の出版にあたり皆様にお世話になりました。特に日食情報センターの和久信一さん、元日本プラネタリウム協議会理事長の鳫宏道さん、天文教育普及研究会の鈴木文二さんには色々とご助言を、日本星景写真協会の大西浩次さんには写真で、恒星社厚生閣の小浴正博さんには全体を通して大変お世話になりました。本当にありがとうございました。お礼を申し上げます。
私は日食観測等で南国に行くときは、南天の星座たちを楽しみに出かけます。皆様も是非、この本を片手に旅を楽しんでください。

著者紹介

飯塚礼子（いいづか　れいこ）

明星大学理工学部物理学科卒業
現在、明星大学通信制大学院 教育学専攻。明星大学勤務。
併せて、千葉、さいたま市のプラネタリウムで解説を行なう。
また、日食情報センター、天文教育普及研究会（関東支部長、系外惑星命名支援 WG 代表）など、様々なポストを歴任、その成果を国内外の学会にて発表。

旅先での南天星空ガイド

～南天のロマン 南十字を探す～

2016年11月25日　初版第一刷発行

著者　飯塚礼子
発行者　片岡一成
印刷・製本　株式会社 ディグ
発行所　株式会社 恒星社厚生閣
〒160-0008　東京都新宿区三栄町 8
TEL：03-3359-7371　FAX：03-3359-7375
http://www.kouseisha.com/

ISBN 978-4-7699-1594-2 C0044